감리사
기출풀이

저자 서문

우리나라에서 어떤 자격이든 일정한 역할을 수행할 수 있는 권한을 국가로부터 부여받았다는 것은 자신이 직업을 택하거나 활동함에 있어 큰 장점이 아닐 수 없습니다. 이미 우리나라를 포함하여 글로벌하게 전통적인 IT시스템을 포함하여 스마트환경, 유비쿼터스 환경으로 인한 컨버전스 환경 등 IT에 대한 영역이 기하 급수적으로 증가하고 있습니다. 이에 따라 IT시스템 구축 및 운영 등에 대한 제3자적 전문가 품질 체크활동이 중요해질 수 밖에 없는 시대적인 환경이 되었고 우리나라에서는 이것을 수행할 수 있는 전문가를 수석감리원, 감리원으로 법적으로 규정하여 매년 시험으로 관련전문가를 선발해 내고 있습니다.

수석감리원이 될 수 있는 정보시스템 감리사는 각종 IT시스템에 대해 권한을 가지고 감리를 수행할 수 있는 자격으로서 의미가 큽니다. 자신이 수행해 왔던 전문성에 기반하여 다양한 영역을 학습한 통찰력을 바탕으로 다른 사람이 수행하는 시스템에 대해서 진단과 평가 및 개선점을 컨설팅을 수행 할 수 있습니다. 이는 자신의 전문가적 역량을 공식적인 권한을 가지고 많은 프로젝트나 운영환경에서 적용할 수 있는 기회가 되기도 하면서 또 한편으로 감리를 수행하는 당사자의 전문성을 더 넓히는 아주 좋은 기회가 되기도 합니다.

수석감리원이 되기 위한 두 가지 방법은 정보시스템감리사가 되거나 정보처리기술사가 되는 두 가지 방법이 있습니다. 두 개의 자격은 우리나라를 대표하는 최고의 자격이며 공교롭게 이를 취득하기 위해 학습해야 하는 범위가 80%가 비슷하다고 할 수 있습니다. 따라서 감리사를 학습하다 기술사를 학습할 수 있고, 반대로 기술사를 학습하다가 감리사를 학습하는 경우가 많이 있습니다.

어떤 자격시험이든 기출문제를 기반으로 학습을 해야 하는 것은 누구나 아는 사실일 것입니다. 이 책은 정보시스템감리사를 취득하기위해 참조해야 하는 기출문제에 대해서 회차별로 나온문제를 과목 및 주제별로 묶어내어 그 동안 출제되었던 기출문제를 통해 감리사의 핵심 학습을 유도하는 책이라 할 수 있습니다.
주제별로 포도송이처럼 문제들이 묶여 있기 때문에 각 주제별로 출제된 문제의 유형을 파악하는데 용이하고 관련된 지식을 학습하여 학습하는 사람이 효율적으로 학습하도록 내용을 구성하였습니다.

기출문제 풀이의 전문성을 높이기 위해 각 분야에서 가장 잘 이해하고 있는 감리사/기술사가 문제를 풀고 관련지식을 정리하였기 때문에 학습을 하는 사람에게 많은 도움이 될 것입니다.

이 책이 완성되는데 생각 보다 오랜 시간이 걸렸습니다. 많은 시간동안 관련분야 전문가가 심혈을 기울여 집필한 만큼 학습하는 사람들에게 의미있게 다가가는 책이기를 바랍니다. 이 책을 통해 학습하는 모든 분들에게 행복이 가득하시기를 바랍니다.

〈이춘식 정보시스템 감리사〉

국내 정보시스템 감리는 80년대 말 한국전산원(현 정보화진흥원)이 전산망 보급 확장과 이용촉진에 관한 법률에 의거하여 행정전산망 선투자 사업에 대한 사업비 정산을 위해 회계 및 기술 분야에 감리를 시행하게 되면서 시작되었습니다. 이후, 법적 제도적 발전을 통해 오늘의 정보시스템 감리사 제도로 발전하게 되었습니다.

현대 사회에서 정보시스템에 대한 비중은 날로 높아지고 있고, 정보시스템이 차지하는 중요성과 가치도 더욱 높아지고 있습니다. 정보시스템 감리사 제도가 공공 부문에만 의무화가 되어 있지만 정보시스템의 복잡성과 중요성이 인식되면서 일반 기업들도 감리의 중요성과 필요성을 점차 느끼고 있습니다. 앞으로 감리사의 역할과 비중이 더욱 높아질 것으로 예상됩니다.

정보시스템 감리사 시험은 다른 분야와 달리 폭넓은 경험과 고도의 전문 지식이 필요합니다. 감리사 시험을 준비하는 수험생 분들이 느끼는 어려운 점은 시험에 대한 정보 부족과 학습에 대한 부담입니다. 국내 IT분야의 현실을 고려할 때 매일 시간을 내어 공부하는 것이 어렵지만 어려운 현실에서도 감리사 합격을 위해 주경야독하는 분들을 위해 이 책을 집필하게 되었습니다. 많은 독자 분들이 이 책을 보고 "아하 이런 의미였네!" "이렇게 풀면 되는 구나!" 하는 느낌과 자신감을 얻고, 합격의 지름길을 빨리 찾을 수 있으면 좋겠습니다.

공부는 현재에 희망의 씨앗을 뿌리고 미래에 달성의 열매를 수확하는 것입니다. 이 책을 통해 어려운 현실에서도 현실에 안주하지 않고 보다 나은 자신의 미래를 위해 열심히 달려가는 독자 분들께 커다란 희망을 제공하고 싶습니다. 독자 분들의 인생을 바꿀 수 있는 진성한 가치 있는 책이 되길 희망합니다.

〈양회석 정보관리 기술사〉

개인적으로 2011년 초 필자가 주변에서 가장 많이 들었던 단어는 변화(Change)와 혁신(Innovation)이었습니다. 변화가 모든 이에게 필요할까라는 근본적인 의구심이 들기도 하고, 사람을 4개의 성격유형으로 나눌 때 변화를 싫어하는 안정형으로 강력하게 분류되는 필자에게 있어 변화는 그리 친숙한 개념은 아닙니다.

그러나, 독자와 필자가 경험하고 있듯이, 직장과 사회의 변화에 대한 강력한 메시지는 피할 수 없으며, 성공이라는 목표를 달성하기 위해서 개인이 변화해야 한다는 당위성에 의문을 갖기는 현실적으로 어렵지 않을까 싶습니다.

정보시스템감리사는 수석감리원의 신분이 법적으로 보장되며, 매년 40여명의 최종 합격자만을 엄선하는 전문 자격증으로, 정보기술업계에 있는 사람이라면 한번 쯤 도전해 보고 싶은 매력적인 자격증으로, 자격 취득이 자기계발이나 직업선택에 있어 변화의 동인(Motivation)과 기반이 되기에 충분하다고 필자는 생각합니다.

이 책은 수험자들이 자격취득을 위해 필요한 지식기반(Knowledge Base)의 폭과 깊이를 충분히 제공하기 위해 전문 강사들의 수년간 강의 경험을 집대성하여 작성되었으므로, 감리사 학습에 길잡이가 될 것이라 확신합니다.

특히, 년도별 단순 문제풀이 방식이 아닌, 주제 도메인별로 출제영역을 묶어 집필함으로써 정보시스템감리사 학습영역을 가시화하고 단순화하려는 노력을 하였으며, 주제에 대한 파생 개념에 대해서도 많은 내용을 담으려 노력하였습니다.

시장에서 우월한 경쟁력으로 급격하게 시장을 독점하여 성장하는 기술을 파괴적 기술(Disruptive Technology)이라고 부른다고 합니다. 그러한 혁신을 파괴적 혁신(Disruptive Innovation)이라고도 합니다. 이 책을 통해 독자들이 정보시스템감리사 지식도메인의 급격하고도 완전한 지식베이스(Disruptive Knowledge Base)를 형성할 수 있기를 필자는 희망하고 기대합니다.

마지막으로, 책 집필 기간 동안 퇴근 후 늦게까지 작업을 해야 했던 남편을 물심양면으로 지원해주고 이해해 준 노미현씨에게 깊이 감사하며, 많은 시간 함께하지 못한 아빠를 변함없이 좋아해주는 사랑스러운 은준이, 서안이, 여진이 삼남매에게 미안하고 사랑한다는 말을 전하고 싶습니다.

〈최석원 정보시스템감리사〉

정보시스템감리사 도전은 직장생활 10년 차인 저에게 전문성과 실력을 체크하고 한 단계 도약하기 위한 시험대였습니다.

그 동안 수행한 업무 영역 외의 전자정부의 추진방향과 각종 고시/지침/가이드, 프로젝트 관리방법, 하드웨어, 네트워크 등의 시스템 구조, 보안 등의 도메인을 학습하면서 필요에 따라 그때그때 습득하였던 지식의 조각들이 서로 결합되고 융합되는 즐거움을 느낄 수 있었습니다. 또한 업무를 수행할 때에도 학습한 지식들을 응용하여 보다 체계적이고 전문적인 의견을 제시할 수 있게 되었습니다.

그 때의 저처럼 정보시스템감리사라는 객관적인 공신력 확보로 한 단계 도약하고자 하는 사람들에게 시험합격이라는 단기적인 목표달성 외에 여기저기 흩어져 있던 지식들이 맥락을 찾고 뻗어 나가는 즐거움을 느낄 수 있었으면 하여 이 책을 준비하게 되었습니다.

시험을 준비할 때에는 기출문제 분석이 가장 중요합니다. 기출문제를 분석하다 보면 출제흐름 및 IT 변화도 느낄 수 있으며, 향후에 예상되는 문제도 만날 수가 있습니다. 이 책은 기출문제를 주제별로 재구성하여 출제 경향이 어떻게 변화해왔는지 향후 어떻게 변화할 지를 직접 느낄 수 있도록 하였습니다. 또한 한 문제의 정답과 간단한 풀이로 끝나는 것이 아니라 관련된 배경지식을 설명하여 보다 발전된 형태의 문제에 대해서도 해결능력을 키울 수 있도록 하였습니다.

〈김은정 정보시스템감리사〉

KPC ITPE를 통한 종합적인 공부 제언은

감리사 기출문제풀이집을 바탕으로 기출된 감리사 문제의 자세한 풀이를 공부하고, 추가 필수 참고자료는 국내 최대 기술사,감리사 커뮤니티인, 약 1만 여개의 지식 자료를 제공하는 KPC ITPE(http://cafe.naver.com/81th) 회원가입, 참조하시면, 감리사 합격의 확실한 종지부를 조기에 찍을 수 있는 효과를 거둘 것입니다.

http://cafe.naver.com/81th

[참고]
- 감리사 기출문제 풀이집을 구매하고, KPC ITPE에 등업 신청하시면, 감리사, 기술사 자료를 포함 약 10,000개 지식 자료를 회원 등급별로 무료로 제공하고 있습니다.
- 감리사 기출 문제 풀이집은 저술의 출처 및 참고 문헌을 모두 명기하였으나, 광범위한 영역으로 인해 일부 출처가 불분명한 자료가 있을 수 있으며, 이로 인한 출처 표기 누락된 부분을 발견, 연락 주시면, KPC ITPE에서 정정하겠습니다.
- 감리사 기출문제에 대한 이러닝 서비스는 http://itpe.co.kr를 통해서 2011년 7월에 서비스 예정입니다.

감리사 기출풀이

데이터베이스 도메인 학습범위

① 데이터,DB,DBMS	⑦ DB 성능	⑫ DW/OLAP/마이닝
② 데이터모델링	⑧ DB 종류	
③ 정규화/함수종속성	⑨ DB 용량/디스크	
④ 스키마, 뷰, 인덱스	⑩ DB 보안/연결	⑬ XML
⑤ SQL문장	⑪ 백업/복구	
⑥ 트랜잭션		

개념과 설계　　　　　구축 및 운영　　　　　DW 및 XML

영역	분야	세부 출제 분야
D01. 데이터,DB,DBMS	DB에 대한 개념	DB언어(DML, DDL, DCL), ORDBMS, 데이터종속성
D02. 데이터모델링	DB설계 분야	관계형모델, PK, FK, 엔터티, 관계, 개념/논리/물리모델
D03. 정규화/함수종속성	정규화 이론	1,2,3차정규화, BCNF, 함수종속성, 후보키/기본키
D04. 스키마,뷰,인덱스	관계형DB,테이블	용어(릴레이션, 인스턴스, 관계), 뷰, 무결성, 조인
D05. SQL문장	SQL문장	Group by, 세미조인, 관계대수, 권한부여, SQL3, Null
D06. 트랜잭션	트랜잭션	2PL, UNDO/REDO, 회복, ACID, 로킹, 동시성, 직렬가능
D07. DB성능	데이터처리 성능	튜닝개념, 벤치마킹, 최적화, SQL튜닝, 반정규화
D08. DB종류	DB종류	분산DB, 생체DB, GIS DB, 공간 DB
D09. DB용량/디스크	물리적 저장	디스크탐색, 스타스키마용량, 테이블,덱스포함 용량
D10. DB보안	데이터베이스 보안	DB보안종류, 접근제어
D11. 백업/복구	백업과 복구	회복기법, 백업기법, 검사점기법, 그림자페이징
D12. DW/OLAP/마이닝	데이터웨어하우스	지식발견과정, 마이닝기법, 지지도/신뢰도, OLAP기법
D13. XML	XML과 웹서비스	XQuery, DTD, XML Scheme, SOAP, 파서(DOM/SAX)

D01. 데이터, DB, DBMS

▌시험출제 요약정리▐

1) 데이터와 정보, 지식, 지혜 구분

항목	정의	핵심
데이터	– 실제 세상에 너무도 넓게 존재하는 사실적인 자료 – 아직 특정 목적에 대하여 평가되지 않은 상태의 단순한 여러 사실	사실적 자료
정보	– 데이터가 의미 있는 패턴으로 정리됨 – 데이터를 일정한 프로그램(양식) 처리·가공하여, 특정목적을 달성하는 데 필요한 정보가 생산됨	처리가공
지식	– 동종의 정보가 집적되어 일반화된 형태로 정리된 것 – 정보가 의사결정이나 창출에 이용되어 부가가치가 발생	부가가치 일반화 의사결정
지혜	– 지식을 얻고 이해하고 응용하고 발전해나가는 정신적인 능력	내재화된 능력

2) 데이터베이스의 정의
– 어느 한 조직의 여러 응용 시스템들이 공용할 수 있도록 통합되고 저장된 운영 데이터의
  집합이라고 정의 할 수 있음

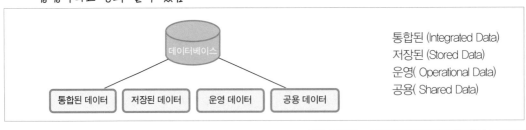

통합된 (Integrated Data)
저장된 (Stored Data)
운영(Operational Data)
공용(Shared Data)

정의요소	내용	핵심
통합된 데이터	– 똑 같은 데이터가 원칙적으로 중복되어 있지 않다는 것을 의미함 – 최소의 중복(Minimal Redundancy) or 통제된 중복(Controlled Redundancy)	최소중복
저장된 데이터	– 컴퓨터가 접근할 수 있는 저장 매체에 저장된 데이터	컴퓨터접근가능

정의요소	내용	핵심
운영 데이터	– 어떤 조직의 고유 기능 수행을 위한 데이터	기능수행
공용 데이터	– 조직에 있는 여러 응용 시스템들이 공동으로 생성하고 유지하며 이용하는 공동의 데이터	공동 이용

3) 데이터베이스의 특징

특징	내용	핵심
실시간 접근성 (Real-Time Accessibility)	컴퓨터가 접근할 수 있는 저장장치에 관리되고 있는 데이터베이스는 수시적 비정형적인 질의에 대하여 실시간 처리로 응답할 수 있어야 함	수시적
계속적인 변화 (Continuous Evolution)	어느 한 시점에 데이터베이스가 저장하고 있는 내용은 곧 그 데이터베이스의 상태를 나타내는 것을 의미함. 그런데 이 데이터베이스의 상태는 정적이 아니고 동적이라는 것을 의미함	동적
동시공용 (Concurrent Sharing)	데이터베이스는 서로 다른 목적을 가진 응용들이 공용할 수 있도록 하기 위한 것이기 때문에 여러 사용자가 동시에 자기가 원하는 데이터에 접근 할 수도 있어야 함	여러 사용자
내용에 의한 참조 (Content Reference)	데이터베이스 환경하에서 데이터의 참조는 저장되어 있는 데이터 레코드들의 주소나 위치에 의해서가 아니라 사용자가 요구하는 데이터의 내용,즉 데이터가 가지고 있는 값에 따라 참조됨	값 참조

4) DBMS의 고가용성 구현을 위한 기법 3가지

- 디스크 공유(shared-disk), 메모리 공유(shared-memory), 무공유(shared-nothing)

5) 데이터베이스 언어

2-1) 데이터 부속어(DSL, Data Sublanguage) : 호스트 프로그램 속에 삽입되어 사용되는 DML(비절차적, 절차적 DML)

2-2) 데이터 제어어 (DCL : Data Control Language) : 공용 데이터베이스 관리를 위해 데이터 제어를 정의하고 기술. 데이터 제어 내용은 데이터 보안(security), 데이터 무결성(integrity), 데이터 회복(recovery),병행 수행(concurrency) 등 관리 목적으로 데이터베이스 관리자(DBA)가 사용함

2-3) 데이터 조작어 (DML : Data Manipulation Language) : 사용자 (응용 프로그램)

와 DBMS 사이의 통신 수단
- 절차적 데이터 조작어 (procedural DML) : 저급어 , What과 how를 명세
- 비절차적 (non-procedural DML) : 고급어 , what만 명세(declarative)

2-4) 데이터 정의어 (DDL : Data Definition Language) : 테이블, 뷰 등을 생성, 변경, 삭제하는 언어

6) OODBMS vs ORDBMS

비교항목	RDBMS	OODBMS	ORDBMS
데이터 모델	문자, 숫자, 날짜 등 단순한 정보타입만 지원 ,	사용자 정의타입 및 비정형 복합정보타입 지원	사용자 정의타입 및 비정형 복합정보타입 지원
주된 질의어	SQL	OQL	SQL
대규모 처리능력	탁월	보통	탁월
시스템 안정성	탁월	보통	탁월
주된 장점	오랜 기간 걸쳐 검증된 시스템 안정성과 대규모 정보처리 성능	복잡한 정보 구조의 모델링 가능	기존 RDBMS의 안정성에 객체지향모델의 장점을 가미
주된 단점	제한된 형태의 정보만 처리 가능하고, 복잡한 구조의 모델링이 힘듦	기본적인 DB관리 기능에 있어서 성능 및 안정성 검증 미비	

7) 데이타 중복성(Data Redundancy) : 한 시스템 내에 내용이 같은 데이타가 중복되게 저장 관리 되는 것임. 중복 데이타의 문제점 : 일관성, 보안성, 경제성, 무결성

8) 데이타 종속성(Data Dependency) : 응용 프로그램과 데이타 사이의 의존관계. 데이타의 구성 방법, 접근 방법 변경 시 관련 응용 프로그램도 같이 변경

9) 데이터독립성의 정의 : ANSI/SPARC에서 제시한 3단계 구성의 데이터독립성 모델은 외부단계와 개념적단계, 내부적단계로 구성된 서로 간섭되지 않는 모델

10) 데이터독립성의 목적
- 각 View의 독립성 유지. 계층별 View에 영향을 주지 않고 변경이 가능
- 단계별 Schema에 따라 데이터 정의어(DDL)와 데이터 조작어(DML)가 다름

11) 데이터독립성의 개념도 : 용어를 암기하는데 데이터모델링 단계와 혼용되는 경우가
많이 있음. 이 구조는 '외개내' 외부단계-개념단계-내부단계로 암기하고 데이터
모델링 진행단계는 '개논물' 개념적 → 논리적 → 물리적 단계로 암기하면 됨

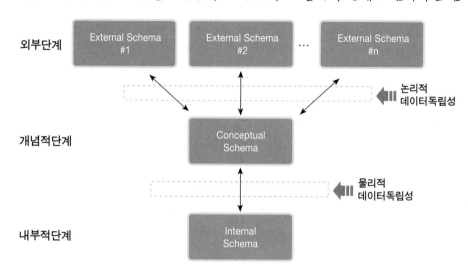

11-1) 3단계 스키마 구조

항목	정의	핵심
외부스키마 (External Schema)	- View 단계, 여러 개의 사용자 관점으로 구성, 즉 개개 사용자 단계로서 개개 사용자가 보는 개인적 DB 스키마 - DB의 개개 사용자나 응용프로그래머가 접근하는 DB 정의	사용자 관점 접근하는 특성에 따른 스키마 구성
개념스키마 (Conceptual Schema)	- 개념단계, 하나의 개념적 스키마로 구성 모든 사용자 관점을 통합한 조직 전체의 DB를 기술하는 것 - 모든 응용시스템들이나 사용자들이 필요로 하는 데이터를 통합한 조직 전체의 DB 를 기술한 것으로 DB 에 저장되는Data 와 그들간의 관계를 표현하는 스키마	통합관점
내부스키마 (Internal Schema)	- 내부단계, 내부 스키마로 구성, DB가 물리적으로 저장된 형식 - 물리적 장치에서 Data 가 실제적으로 저장되는 방법을 표현하는 스키마	물리적 저장구조

11-2) 두 영역의 데이터독립성

독립성	내용	목적
논리적	- 개념 스키마가 변경되어도 외부 스키마에는 영향을 미치지 않도록 지원하는 것	- 사용자 특성에 맞는 변경 가능
독립성	- 논리적 구조가 변경되어도 응용 프로그램에 영향 없음	- 통합 구조 변경가능

독립성	내용	목적
물리적	– 내부스키마가 변경되어도 외부 외부/개념 스키마는 영향을 받지 않도록 지원하는 것	– 물리적 구조 영향 없이 개념구조 변경가능
독립성	– 저장장치의 구조변경은 응용프로 그램과 개념스키마에 영향 없음	– 개념구조 영향 없이 물리적인 구조 변경가능

11-3) 사상(Mapping)

사상	내용	예
외부적/개념적 사상 (논리적 사상)	– 외부적 뷰와 개념적뷰의 상호 관련성을 정의함	사용자가 접근하는 형식에 따라 다른 타입의 필드를 가질 수 있음. 개념적 뷰의 필드 타입은 변화가 없음
개념적/내부적 사상 (물리적 사상)	– 개념적 뷰와 저장된 데이터베이스의 상호관련성 정의	만약 저장된 데이터베이스 구조가 바뀐다면 개념적/내부적 사상이 바뀌어야 함. 그래야 개념적 스키마가 그대로 남아있게 됨

12) 학습방향

1) DML, DDL에 대한 샘플코드를 보고 어떤 종류인지를 선택할 수 있도록 하는 문제가 출제될 가능성이 있음. 따라서 사례와 함께 개념을 이해하는 훈련이 필요함.

2) 고 가용성을 구현하기 위한 기법이 출제된 만큼 각 기법의 장단점에 대해서도 유심히 살펴 볼 필요가 있음.

기출문제 풀이

병렬(parallel) 데이터베이스관리시스템(DBMS)의 구조로 제안된 것이 <u>아닌 것은?</u>

① 메모리 공유(shared-memory)
③ 처리기 공유(shared-CPU)
② 디스크 공유(shared-disk)
④ 무공유(shared-nothing)

● 해설 : ③번

- 이 문제에서 병렬(parallel) 데이터베이스관리시스템(DBMS)의 구조는 DBMS의 고가용성 구현을 위한 기법으로 어떠한 기법을 사용하는지 이해하면 됨
- 고 가용성 구조를 위한 DBMS 채택 기법의 종류는 디스크 공유(shared-disk), 메모리 공유(shared-memory), 무공유(shared-nothing) 기법이 있음

● 관련지식 ••

1) 디스크 공유(shared-disk)
- Shared Everything의 유형으로 두 개 이상의 서버에서 공유된 Disk를 통해 고 가용성 환경 구성함. 디스크를 공유하여 데이터를 주고 받기 때문에 성능이 떨어짐. 고비용
- 대표적인 사례 : 오라클의 OPS(Oracle Parallel Server)

2) 메모리 공유(shared-memory)
- Shared Everything의 유형으로 두 개 이상의 서버에서 공유된 메모리를 통해 고 가용성 환경 구성함. 메모리를 공유하여 데이터를 주고 받기 때문에 성능이 우수함. 데이터를 주고 받는 오버헤드는 발생됨. 고비용, 노드 추가가 유연함
- 대표적인 사례 : 오라클의 RAC(Real Application Cluster)

3) 무공유(shared-nothing)
- 디스크나 메모리를 공유하지 않으면서도 동기화 프로세스를 별도로 가져가는 형태임. 저비용, 노드 추가가 어려움
- 대표적인 사례 : MS의 MS-SQL Cluster

데이터베이스관리시스템에서 사용하는 데이터 언어에 대한 설명 중 **틀린 것은?**

① 데이터 부속어(DSL)는 호스트 응용 프로그램 속에 삽입되어 사용되는 언어이다.
② 데이터 정의어(DDL)는 데이터베이스를 정의하거나 그 정의를 수정할 목적으로
   사용되는 언어로서, 데이터베이스 스키마를 컴퓨터가 이해할 수 있도록 기술한다.
③ 비절차적 데이터 조작어(DML)는 사용자가 무슨 데이터를 원하며, 어떻게 그것을 접근해
   야 되는지를 명세하는 언어이다.
④ 데이터 제어어(DCL)는 여러 사용자가 데이터베이스를 올바르게 공용하고 정확하게 유지
   하기 위해 규정이나 기법을 통해 데이터를 제어하도록 기술하는 언어이다.

● **해설 : ③번**

"비절차적 데이터 조작어(DML)는 사용자가 무슨 데이터를 원하며, 어떻게 그것을 접근해야
되는지를 명세하는 언어이다" → 어떻게 접근하는지 명시하는 언어는 절차적 데이터 조작어
(procedural DML)임

● **관련지식** ●●

1) 데이터 부속어(DSL, Data Sublanguage)
   - 호스트 프로그램 속에 삽입되어 사용되는 DML(비절차적, 절차적 DML)

2) 데이터 제어어(DCL : Data Control Language)
   - 공용 데이터베이스 관리를 위해 데이터 제어를 정의하고 기술. 데이터 제어 내용은 데이터
     보안(security), 데이터 무결성(integrity), 데이터 회복(recovery), 병행 수행(concurrency)
     등 관리 목적으로 데이터베이스 관리자(DBA)가 사용함

3) 데이터 조작어 (DML : Data Manipulation Language)
   - 사용자 (응용 프로그램)와 DBMS 사이의 통신 수단. 사용자가 데이터를 처리할 수 있게 하
     는 도구. 데이터 처리 연산의 집합 (데이터의 검색, 삽입, 삭제, 변경 연산)

   3-1) 절차적 데이터 조작어 (procedural DML)
        - 저급어
        - What과 how를 명세
        - 한번에 하나의 레코드만 처리

       – 응용 프로그램 속에 삽입(embedded)되어 사용

       – 프로그램과 데이터베이스를 모두 사용할 수 있는 전문가만 사용 가능

3-2) 비절차적 (non-procedural DML)

     – 고급어

     – what만 명세(declarative)

     – 한번에 여러 개의 레코드 처리

     – 질의어 (Query Language)

     – 독자적, 대화식 사용 : 커맨드 타입

     – 프로그램의 추상적 표현

4) 데이터 정의어 (DDL : Data Definition Language)

  – 데이터베이스의 정의 및 수정

  – 데이터베이스 스키마를 컴퓨터가 이해할 수 있게끔 기술하는 데 사용

    • 데이터베이스 설계자 및 관리자가 이용 및 데이터 사전에 저장

  – 논리적 데이터 구조의 정의 : 스키마, 외부 스키마의 기술

  – 물리적 데이터 구조의 정의

    • 내부 스키마 기술 및 데이터 저장정의어 (Data Storage Definition Language)

  – 논리적 데이터 구조와 물리적 데이터 구조 간의 사상 정의

데이터 사전(data dictionary)에 대한 설명 중 틀린 것은?

① 사용자(SQL을 사용하여)와 시스템이 다같이 공동으로 접근할 수 있다
② 데이터베이스에 수록된 데이터를 실제로 접근하는데 필요한 위치 정보를 관리한다.
③ 여러 스키마와 이들 속에 포함된 사상(mapping)들에 관한 정보를 컴파일하여 저장하고
   관리한다.
④ 데이터베이스에 저장되어 있는 모든 데이터 객체들에 대한 정의나 명세에 관한 정보를
   유지 관리한다.

● 해설 : ②번

데이터베이스에 수록된 데이터를 실제로 접근하는데 필요한 위치 정보를 관리하는 것은 데이터
디렉토리(Data Directory)라고 함

● 관련지식 ●●●

1) 데이터 사전(data dictionary) = 시스템카탈로그(System Catalog)
   – 데이터베이스에 저장되어 있는 모든 데이터 개체들에 대한 정의나 명세에 대한 정보 보관
   – 여러 스키마와 이들 속에 포함된 사상들에 관한 정보도 컴파일되어 저장, 관리되고 있음
   – 사용자와 시스템이 공동으로 접근 이용 가능함

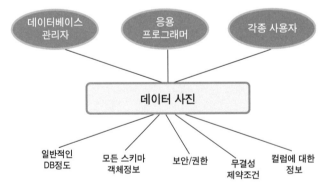

   – 데이터베이스의 모든 스키마 객체 정보 – 테이블, 인덱스, 뷰, Function, Procedure 등
   – 스키마 객체에 대해 할당된 영역 사이즈와 현재 사용 중인 영역의 사이즈
   – 열에 대한 기본값 – default, check
   – 무결성 제약조건에 대한 정보 – not null, 참조무결성 설정 등
   – 사용자 이름, 사용자에게 부여된 권한과 규칙

– 기타 일반적인 데이터베이스 정보

2) 참고 : 오라클 데이터사전의 용도

데이터 사전(Data Dictionary)이란 읽기전용 테이블 및 뷰들의 집합으로 데이터베이스 전반에 대한 정보를 제공 함

– 오라클의 사용자 이름

– 오라클 권한과 롤

– 데이터베이스 스키마 객체(TABLE, VIEW, INDEX, CLUSTER, SYNONYM, SEQUENCE..) 이름과 정의들

– 무결성제약 조건에 관한 정보

– 데이터베이스의 구조 정보

– 오라클 데이터베이스의 함수 와 프로시저 및 트리거에 대한 정보

– 기타 일반적인 DATABASE 정보

객체지향 데이터베이스관리시스템(OODBMS)과 객체관계 데이터베이스관리시스템(ORDBMS)의 유사한 점이 <u>아닌</u> 것은?

① 계승(Inheritance) 지원
② 확장된 형태의 SQL을 제공
③ 객체 식별자와 참조 타입 지원
④ 집단 타입을 조작할 수 있는 질의어 제공

● 해설 : ②번

객체지향 데이터베이스관리시스템(OODBMS)은 SQL을 이용하지 않고 OQL을 이용하여 데이터베이스 접근함. 확장된 SQL을 이용하는 것은 객체관계 데이터베이스 관리스템(ORDBMS)에 해당함

● 관련지식 ●

1) 객체지향 데이터베이스관리시스템(OODBMS)

1-1) OODBMS의 개념
- 객체 모델에 기반하여 정보의 저장 및 검색을 지원해 주는 데이터베이스
- 상용화 제품 : ObjectStore, O2, Objectivity, Uni-SQL 등

1-2) OODBMS의 특징
- 사용자 정의 타입의 지원과 이들간의 상속성(inheritance) 명세 가능
- 비정형 복합 정보의 모델링 가능
- 객체들 사이의 참조(reference) 구조를 이용한 네비게이션 기반 정보접근 가능
- 프로그램 내의 정보 구조와 데이터베이스 스키마 구조가 거의 유사함

1-3) OODBMS의 한계
- 트랜잭션 처리, 동시처리 가능 사용자 수, 백업과 복구 등 기본적인 DBMS기능 취약
- 시스템의 안정성과 성능의 검증이 안됨

2) 객체관계 데이터베이스관리시스템 (ORDBMS)

2-1) ORDBMS의 개념
- OODBMS의 한계를 극복하기 위해서 OODBMS 기술과 RDBMS의 기술을 접목한

DBMS
- 현재 데이터베이스 제품의 주종을 이루는 DBMS
- 상용화 제품 : Oracle 1kg, DB2 Universal Database, MS SQL Server 2000 등

2-2) ORDBMS의 특징

특징	내용	
사용자 정의형 지원	사용자 정의형 데이터 타입의 저장 및 검색 가능	Distinct, Strucured
참조 타입 지원	하나의 객체 레코드가 다른 객체 레코드를 참조(reference)함으로써 참조 구조를 이용한 네이게이션 기반 접근 가능	Row, Reference
중첩된 테이블	테이블 안의 하나의 컬럼이 또 다른 테이블로 구성됨으로써 복합 구조의 모델링이 가능해짐	
대단위 객체 지원	이미지, 오디오, 비디오 등의 대단위 비정형 데이터를 위한 LOB(Large Objcct)을 기본형으로 지원함	BLOB, CLOB
테이블간 상속관계	테이블간의 상속 관계 지정함으로써 객체지향의 장점 수용	

3) RDBMS, OODBMS 및 ORDBMS의 상호비교

비교항목	RDBMS	OODBMS	ORDBMS
데이터 모델	문자, 숫자, 날짜 등 단순한 정보타입만 지원	사용자 정의타입 및 비정형 복합정보타입 지원	사용자 정의타입 및 비정형 복합정보타입 지원
주된 질의어	SQL	OQL	SQL
대규모 처리능력	탁월	보통	탁월
시스템 안정성	탁월	보통	탁월
주된 장점	오랜 기간 걸쳐 검증된 시스템 안정성과 대규모 정보처리 성능	복잡한 정보 구조의 모델링 가능	기존 RDBMS의 안정성에 객체지향모델의 장점을 가미
주된 단점	제한된 형태의 정보만 처리 가능하고, 복잡한 구조의 모델링이 힘듦	기본적인 DB관리 기능에 있어서 성능 및 안정성 검증 미비	

일반적으로 데이터베이스 그 자체와 데이터베이스에 대한 명세와의 구별은 매우 중요하다. 이때 데이터베이스에 대한 명세를 무엇이라고 하는가?

① 데이터베이스 제약조건(constraints)
② 데이터베이스 스키마(schema)
③ 데이터베이스 구조(construct)
④ 데이터베이스 스키마 다이어그램(schema diagram)

● 해설 : ②번

　스키마는 데이터베이스 구조와 제약조건에 관한 전반적인 명세를 의미함
　데이터개체, 속성관계, 데이터조작시 데이터값들의 제약조건에 관련된 전반적인 내용이 포함됨

● 관련지식 ••

1) 3단계 데이터 스키마(Schema)
　– 스키마 : 데이터베이스의 구조에 대한 정의와 제약조건을 기술한 것

　1-1) 외부 스키마
　　　– 개개 사용자나 특정 응용에 한정된 데이터베이스를 정의

　1-2) 개념 스키마(스키마)
　　　– 범 기관적 입장에서 데이터베이스를 정의
　　　– 모든 응용프로그램이나 사용자들이 필요로 하는 데이터의 통합 조직 기술
　　　– 접근 권한, 보안 정책, 무결성 규칙 명세

　1-3) 내부 스키마
　　　– 물리적 저장 장치구조에 대한 전체 데이터베이스가 저장되는 방법 명세
　　　– 레코드 형식, 인덱스 유무, 데이터 항목의 표현 방법, 레코드의 물리적 순서 등 명세

2) 스키마(Schema)와 인스턴스(Instance) 비교

구분	스키마(Schema)	인스턴스(Instance)
정의	– 데이터베이스에 저장되는 데이터의 구조 및 유형을 정의하는 것임	– 데이터베이스에 저장되는 값들을 나타냄

구분	스키마(Schema)	인스턴스(Instance)
정의	– 데이터베이스의 전체적인 정의를 나타내며, 일반적으로 논리 스키마 지칭하고 있음	– 데이터베이스에 저장되는 값들을 나타냄
특징	– 한 번 정의되면 잘 변경되지 않음	– 계속적으로 변화하는 데이터베이스 특성으로 인해 자주 변경됨
언어	– DDL(Data Definition Language)	– DML(Data Manipulation Language)
사례	사원 사원번호　　　　　　Char(08) 성명　　　　　　　　Char(50) 주민번호　　　　　　Char(13) 부서　　　　　　　　Char(20)	20100001　　　　20100003 이춘식　　　　　김은정 7401012234567　8701102123456 DB관리팀　　　　IT최적화팀

OO(Object-Oriented) DBMS와 OR(Object-Relational) DBMS에 대한 비교 설명 중 틀린 것은?

① 둘 다 사용자 정의 타입, 구조화 타입, 객체 식별자와 참조 타입, 상속 등을 지원한다.
② OO DBMS는 C++, Java, Smalltalk와 같은 프로그래밍 언어와 매끄럽게 통합한다.
③ OO DBMS는 확장된 형태의 SQL을 지원하고, OR DBMS는 자신의 ODL/OQL을 지원한다.
④ OO DBMS와 OR DBMS는 모두 병행제어 및 복구 기능을 지원한다.

● 해설 : ③번

'OO DBMS는 확장된 형태의 SQL을 지원하고, OR DBMS는 자신의 ODL/OQL을 지원한다.
→ 'OO DBMS는 자신의 ODL/OQL 을 지원하고, OR DBMS는 확장된 형태의 SQL을 지원
한다.' 로 변경되어야 함

● 관련지식 ••

1) OODBMS와 ORDBMS의 유사점
   – 사용자 정의 타입
   – 구조화 타입
   – 객체 식별자와 참조 타입
   – 상속성(계승)
   – 집단 타입을 조작할 수 있는 질의어 제공
   – 병행 제어나 복구와 같은 DBMS의 기능 제공

2) OODBMS와 ORDBMS의 차이점

OODBMS	ORDBMS
프로그래밍 언어와 매끄럽게 통합	호스트 언어 안에 SQL명령을 삽입
객체를 중심으로 처리	대규모 데이터 집단의 처리
몇 개의 객체들만 검색	대규모 데이터를 검색
주기억장치 내의 객체들의 효율적인 참가 중요함	디스크 접근의 최적화가 가장 중요함
트랜잭션이 매우 길다	트랜잭션은 비교적 짧다
새로운 병행제어 기법	관계 DBMS의 병행제어 기법을 이용
질의 기능이 미비함(ODL, OQL)	질의 기능이 핵심 부분임(SQL, 확장된SQL)

관계형 데이터 모델과 객체관계형 데이터 모델의 차이점에 대한 설명으로 가장 알맞은 것은?

① 관계형 데이터 모델은 객체관계형 데이터 모델보다 구조가 복잡하다.
② 관계형 데이터 모델은 멀티미디어 등 복잡한 데이터 처리에 한계가 존재한다.
③ 객체관계형 데이터 모델은 객체지향 개념 데이터 모델이라고 말할 수 있다.
④ 초기 ERDBMS(extented RDBMS)는 객체지향(object-oriented) 개념을 지원하기 위해 객체
 지향 데이터베이스에 관계형 데이터 모델을 첨가시켜 확장시켰다.

● 해설 : ②번

 관계형 데이터 모델은 멀티미디어 등 복잡한 데이터 처리에 한계가 존재하여 이를 객체 데이터
 모델에서 수용할 수 있게 됨

● 관련지식 ●●

 위에 출제된 지문을 통해 더 많은 지식을 응용 활용할 수 있음.

 ① 관계형 데이터 모델은 객체관계형 데이터 모델보다 구조가 복잡하다.
 → 상속성, 집단화 지원, 사용자 지원타입 등을 지원하는 복잡한 구조를 지원하는 모델은
  객체관계형임.

 ② 관계형 데이터 모델은 멀티미디어 등 복잡한 데이터 처리에 한계가 존재한다.
 → 관계형 데이터모델의 한계로 인해 객체관계 데이터모델 또는 객체지향 데이터모델이
  나오게 됨.

 ③ 객체관계형 데이터 모델은 객체지향 개념 데이터 모델이라고 말할 수 있다.
 → 객체관계형은 관계형 데이터모델을 근간으로 객체지향의 특징을 반영한 모델이고 객체
  데이터 모델은 순수한 객체지향의 사상을 반영한 데이터모델로 두 모델은 구조와 표현
  의 차이가 있음.

 ④ 초기 ERDBMS(extented RDBMS)는 객체지향(object-oriented) 개념을 지원하기 위
 해 객제 지향 데이터베이스에 관계형 데이터 모델을 첨가시켜 확장시켰다.
 → 초기 ERDBMS(extented RDBMS)는 객체지향(object-oriented) 개념을 지원하기 위
  해 관계형 데이터베이스에 객체지향 데이터 모델을 첨가시켜 확장시켰다.(주객이 바뀌
  어 표현되었음)

DBMS의 데이터 중복성(Data Redundancy)에 대한 설명 중 가장 거리가 먼 것은?

① 제어가 분산되어 데이터 무결성, 즉 데이터의 정확성을 유지하기가 어렵다.
② 데이터 일관성의 유지가 어려워진다.
③ 데이터의 구성 방법을 변경하면 이를 기초로 한 응용 프로그램도 같이 변경하여야 한다.
④ 갱신 작업은 관련된 모든 데이터를 찾아내어 전부 갱신해야 하므로 갱신 비용이 높아진다.

● 해설 : ③번

'데이터의 구성 방법을 변경하면 이를 기초로 한 응용 프로그램도 같이 변경하여야 한다.' → 데이터종속성(Data Dependency)에 대한 내용임. 데이터독립성에 의해 데이터 구성방법과 응용 프로그램의 변경은 반드시 변경해야 한다로 연결되지 않는 것이 좋은 데이터베이스임

● 관련지식 ●●●

• 데이터 중복성(Data Redundancy) : 한 시스템 내에 내용이 같은 데이터가 중복되게 저장 관리 되는 것
• 중복 데이터의 문제점 : 일관성, 보안성, 경제성, 무결성

• 데이터 종속성(Data Dependency) : 응용 프로그램과 데이터 사이의 의존관계, 데이터의 구성 방법, 접근 방법 변경 시 관련 응용 프로그램도 같이 변경

• 데이터중복성과 데이터종속성은 파일시스템의 문제점이기도 함

DBMS의 데이터 독립성(Data Independence)에 대한 설명 중 틀린 것은?

① 데이터베이스 관리자는 사용자들의 뷰(view)에 영향을 미치지 않으면서 데이터베이스 저장구조를 변경할 수 있어야 한다.
② 데이터베이스의 내부 구조는 저장의 물리적인 측면이 바뀌어도 영향을 받지 않아야 한다. 새로운 디스크에 데이터베이스가 저장될 수 있다.
③ 데이터베이스 관리자는 사용자들에게 영향을 미치지 않으면서 데이터베이스의 개념적 구조 또는 전역적인 구조를 바꿀 수 있어야 한다.
④ 모든 사용자는 동일한 데이터에 대해 동일한 뷰를 가지면서 접근할 수 있어야 한다.

● 해설 : ④번

'모든 사용자는 동일한 데이터에 대해 동일한 뷰를 가지면서 접근할 수 있어야 한다.'→ 각 사용자마다 다른 뷰를 가질 수 있음

● 관련지식 ••

1) 데이터독립성의 정의
 – 데이터독립성은 미국 표준 협회(ANSI) 산하의 X3 위원회(컴퓨터 및 정보 처리)의 특별 연구 분과 위원회에서 1978년에 DBMS와 그 인터페이스를 위한 제안한 three-schema architecture라고 정의할 수 있음
 – ANSI/SPARC에서 제시한 3단계 구성의 데이터독립성 모델은 외부단계와 개념적단계, 내부적단계로 구성된 서로 간섭되지 않는 모델

2) 데이터독립성의 목적
 – DB에 대한 사용자의 View와 DB가 실제 표현되는 View를 분리하여 변경 간섭을 줄이는 것이 주 목적임.
 – 각 View의 독립성 유지, 계층별 View에 영향을 주지 않고 변경이 가능
 – 단계별 Schema에 따라 데이터 정의어(DDL)와 데이터 조작어(DML)가 다름

3) 데이터독립성의 개념도와 구성요소
 – 데이터독립성을 이해하기 위해서는 3단계로 표현된 ANSI 표준 모델을 이해하면 되는데 특히 3단계구조, 독립성, 사상(Mapping) 3가지를 이해하면 됨.

데이터독립성의 개념도
- ANSI/SPARC에서 제시한 3단계 구성의 데이터독립성 모델은 외부단계와 개념적단계, 내부적단계로 구성된 서로 간섭되지 않는 모델을 제시하고 있음

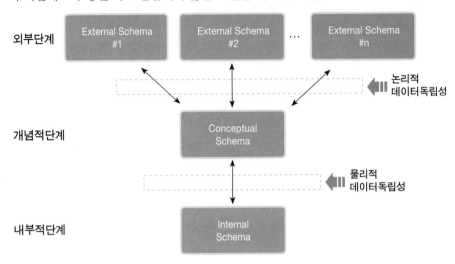

- 3단계에서 외부단계는 사용자와 가까운 단계로 사용자 개개인이 보는 자료에 대한 관점과 관련이 있는 부분임. 즉, 사용자가 처리하고자 하는 데이터유형에 따라, 관점에 따라, 방법에 따라 다른 스키마 구조를 가지고 있는 것임. 개념단계는 사용자가 처리하는 데이터 유형의 공통적인 사항을 처리하는 통합된 뷰를 스키마 구조로 디자인한 형태. 우리가 쉽게 이해하는 데이터모델은 사용자가 처리하는 통합된 뷰를 설계하는 도구로 이해하면 됨. 마지막으로 내부적 단계는 데이터가 물리적으로 저장된 방법에 스키마 구조를 이야기 함.

4) 3단계 스키마 구조

항목	정의	핵심
외부스키마 (External Schema)	- View 단계 여러 개의 사용자 관점으로 구성, 즉 개개 사용자 단계로서 개개 사용자가 보는 개인적 DB 스키마 - DB의 개개 사용자나 응용프로그래머가 접근하는 접근하는DB 정의	사용자 관점 접근하는 특성에 따른 스키마 구성
개념스키마 (Conceptual Schema)	- 개념단계 하나의 개념적 스키마로 구성 모든 사용자 관점을 통합한 조직 전체의 DB를 기술하는 것 - 모든 응용시스템들이나 사용자들이 필요로 하는 데이터를 통합한 조직 전체의 DB 를 기술한 것으로 DB 에 저장되는 Data와 그들간의 관계를 표현하는 스키마	통합관점

항목	정의	핵심

내부스키마
(Internal Schema)
	– 내부단계, 내부 스키마로 구성, DB가 물리적으로 저장된
	  형식
	– 물리적 장치에서 Data 가 실제적으로 저장되는 방법을
	  표현하는 스키마
		물리적 저장구조

5) 두 영역의 데이터독립성

독립성	내용	목적
논리적 독립성	– 개념 스키마가 변경되어도 외부 스키마에는 영향을 미치 지 않도록 지원하는 것 – 논리적 구조가 변경되어도 응용 프로그램에 영향 없음	– 사용자 특성에 맞는 변경가능 – 통합 구조 변경가능

물리적
독립성
	– 내부스키마가 변경되어도 외부 외부/개념 스키마는 영향
	  을 받지 않도록 지원하는 것
	– 저장장치의 구조변경은 응용프로 그램과 개념스키마에 영
	  향 없음
		– 물리적 구조 영향 없이 개념
		  구조 변경가능
		– 개념구조 영향 없이 물리적인
		  구조 변경가능

6) 사상(Mapping)

사상	내용	예
외부적/개념적 사상 (논리적 사상)	– 외부적 뷰와 개념적뷰의 상 호 관련성 정의	사용자가 접근하는 형식에 따라 다른 타입의 필 드를 가질 수 있음. 개념적 뷰의 필드 타입은 변 화가 없음
개념적/내부적 사상 (물리적 사상)	– 개념적 뷰와 저장된 데이터 베이스의 상호관련성 정의	만약 저장된 데이터베이스 구조가 바뀐다면 개념 적/내부적 사상이 바뀌어야 함. 그래야 개념적 스 키마가 그대로 남아있게 됨

2007년 62번

객체지향 데이터베이스에 관한 설명 중 틀린 것은?

① 상속을 사용할 수 있다.
② 스키마와 별도로 연산자를 설계한다.
③ 관련된 객체들의 OID를 값으로 가진다.
④ 단방향 또는 양방향으로 참조 관계를 선언할 수 있다.

● 해설 : ②번

'스키마와 별도로 연산자를 설계한다.' → '스키마에 포함하여 연산자를 설계한다.'

● 관련지식 ●●

1) Encapsulation(캡슐화) : 멤버 변수와 멤버 함수를 하나로 묶어서 관리하는 것을 말함
 - class = 속성(변수, 데이터) + 메서드(함수) 즉, class 라는 자료형을 통해 데이터와 함수를 한데 묶을수 있음. 클래스에 속한 데이터는 외부로부터 감추어지게 됨. 클래스에 속한 데이터에 접근할 수 있는 방법을 함수를 이용하는 것임. 캡슐화를 통해 데이터를 보호하는 것을 정보은닉이라 함.
 - 이 문제에서 메소드를 연산자로 이해하면 됨. 따라서 객체지향 DBMS에서는 클래스안에 인스턴스와 메쏘드가 포함되어 있으므로 이를 데이터베이스로 표현하면 스키마안에 연산자가 포함되어 설계된다라고 할 수 있음

2) Inheritance(상속성)
 - 객체 지향 언어에서는 새로운 클래스를 정의할 때, 이미 만들어 놓은 클래스의 속성을 상속받고 필요한 부분만 추가할 수 있는데 이를 클래스의 상속성이라 한다.상속성을 사용하면 유사한 클래스들 간의 공통된 속성을 하나의 기본 클래스에 정의하여 파생클래스가 공유할 수 있으므로 전체 코드 크기도 줄고 프로그램 구성도 간단해 짐.

3) Polymorphism(다형성)
 - 서로 비슷한 작용들에 대해서는 하나의 일반적인 인터페이스를 제공함. "단일 인터페이스 다중 메서드" (함수 오버로딩, 연산자 오버로딩, 가상함수⋯⋯.)

4) Over-loading(오버로딩)
 - 객체는 상속받은 객체의 특정 기능을 무시하고 자신의 기능으로 바꿀 수 있음. Operator

over-loading(연산자 오버로딩)

: 연산자는 보통 +,−,*,/,= 같은 산술연산자와 형전환 등에 사용하는 casting연산등과 &&,||,^ 등의 집한 연산자를 이야기 하는데, 클래스끼리 이런 연산이 가능하며 또한 클래스에서 이런 연산을 이용하여 새로운 데이터를 만들 수 있다는 것임

5) Abstract(추상화)

: 개체의 인터페이스를 단순화 시키는 것이다.(자세한 사항은 무시하고 문제를 단순화 시킴. 멤버함수를 이용하여)

시험출제 요약정리

1) 데이터베이스 설계의 과정

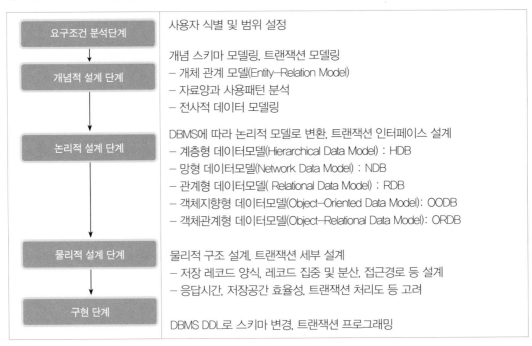

요구조건 분석단계	사용자 식별 및 범위 설정
개념적 설계 단계	개념 스키마 모델링, 트랜잭션 모델링 – 개체 관계 모델(Entity–Relation Model) – 자료양과 사용패턴 분석 – 전사적 데이터 모델링
논리적 설계 단계	DBMS에 따라 논리적 모델로 변환, 트랜잭션 인터페이스 설계 – 계층형 데이터모델(Hierarchical Data Model) : HDB – 망형 데이터모델(Network Data Model) : NDB – 관계형 데이터모델(Relational Data Model) : RDB – 객체지향형 데이터모델(Object–Oriented Data Model): OODB – 객체관계형 데이터모델(Object–Relational Data Model): ORDB
물리적 설계 단계	물리적 구조 설계, 트랜잭션 세부 설계 – 저장 레코드 양식, 레코드 집중 및 분산, 접근경로 등 설계 – 응답시간, 저장공간 효율성, 트랜잭션 처리도 등 고려
구현 단계	DBMS DDL로 스키마 변경, 트랜잭션 프로그래밍

2) E-R 모델 (Entity-Relationship Diagram, 개체 관계 모델)

구성요소	주 요 내 용

개체
(Entity)
▢
	• 실제 업무에서 의미있는 객체나 사건(ERD에서 사각형으로 표현)
	• 개체 타입(Entity Type) : 개체들을 동일한 유형별로 분류한 것
	• 개체 종류
	  – 일반개체(Strong Entity) : 타 개체 존재 여부와 상관없이 존재할 수 있는 개체
	  – 의존개체(Weak Entity) : 타 개체가 존재해야만 자신도 존재할 수 있는 개체
	  (예) 종업원은 일반개체, 부양가족은 의존개체"
	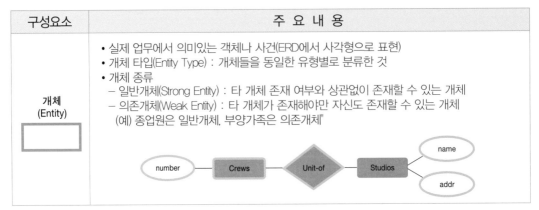

구성요소	주 요 내 용
선(Link)	• 개체와 관계를 상호연결
관계 (Relationship)	• 개체간의 연관성을 표현(ERD에서 마름모로 표현) • 관계의 사상수(Cardinality) – 관계에서 한 개체에 대해 관련지어질 수 있는 다른 개체의 수 – 1 : 1, 1 : M, M : N 관계 • 관계의 차수(Degrees of Relationship) – 관계에 연계된 개체유형의 수 – 일진관계성(Unary Relationship), 이진관계성, 삼진관계성 등 • 관계의 강제성 – 관계를 구성하는 개체 유형의 모든 개체들이 관계에 소속되어 있는지의 여부 – 강제적(Mandatory)관계 : A의 모든 개체에 대하여 대응하는 B의 모든 개체가 존재할 경우 A는 관계 R에서 강제적 – 선택적(Optional) 관계 : A의 개체들이 모든 관계에 참여하지 않을 경우 A는 관계 R에서 선택적임"
속성 (Attribute) 일반 식별 유추 다중치	• 개체에 대한 특성을 기술하는 데이터 항목(타원형으로 표현) • 속성유형 – 기초속성(Basic Facts) : 다른 속성으로부터 유추할 수 없는 속성 – 유추속성(Derived Facts) : 다른 속성의 값으로부터 그 값을 유추할 수 있는 속성 (예) 출생년도는 기초속성, 출생간지는 유추속성 – 단일치 속성(Single–Valued Facts) : 하나의 값만을 속성치로 가지는 속성(주민등록번호) – 다중치 속성(Muti–Valued Facts) : 하나 이상의 값을 속성치로 가지는 속성(자녀이름) • 도메인(Domain) – 임의의 속성에 대하여 가능한 모든 속성치의 집합 • 키(Key) – 개체 집합에서 개체를 식별하기 위해 사용되는 속성 – 기본키, 후보키, 슈퍼키, 대체키 등

3) E-R 모델 샘플

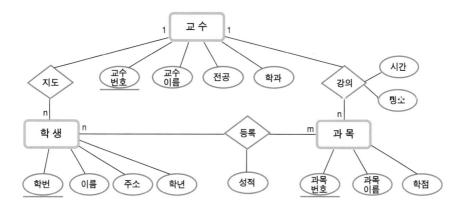

4) EE-R 모델 (Extended Entity-Relationship Model)

기 본 개 념	주 요 내 용
특수화 (Specialization)	• 하나의 개체(Super type)를 몇 개의 Sub type으로 분리 • 상위에서 하위 클래스를 분류하는 하향식 (Top-down) 개념 • 상위 개체의 속성을 상속함 (IS-A 관계)
일반화 (Generalization)	• 몇 개의 개체집합을 합해서 상위의 한 개체로 통합 • 하위에서 상위 클래스로 일반화하는 상향식 (Bottom-up) 개념 • 특수화의 역방향(IS-A 관계)
상속 (Inheritance)	• 특수화(Specialization)시 상위 개체의 개념을 하위 개체가 상속 • 단일상속 / 다중상속
집단화 (Aggregation)	• 단위 개체들을 하나로 묶어 상위 레벨의 복합 개체를 구성 • 집단화 개념을 이용할 경우, 중복되는 관계를 단순한 관계로 표현 가능 (IS-PART-OF 관계)

5) 데이터 모델링의 단계

단계	설명
개념 데이터 모델링 (Conceptual Data Modeling)	- 주제별로 분류 가능한 업무 분석 - 핵심 엔터티 추출 - 상위 수준의 속성,관계 정의 - 전체 데이터 모델 골격 생성 - ERD 작성 (Entity-Relationship Diagram)
논리 데이터 모델링 (Logical Data Modeling)	- 세부 엔터티, 관계, 속성 도출 - 상세 속성 정의 (스키마 설계) - 식별자 확정 - 정규화 수행
물리 데이터 모델링 (Physical Data Modeling)	- DBMS의 특성 및 종류, 구현환경 감안한 스키마 도출 - 컬럼의 데이터 타입과 크기 정의 - 제약조건 정의 - 인덱스 정의 - 반정규화 수행

각 데이터 모델의 설명 중 <u>가장 거리가 먼 것은?</u>

① 관계형(relational) 데이터 모델은 데이터베이스를 구성하는 개체와 관계가 모두 테이블로 표현되며, 개체들 사이에는 1:1, 1:n, n:m 관계를 표현할 수 있다.
② 객체지향형(object-oriented) 데이터 모델은 객체 및 객체 식별자, 애트리뷰트와 메소드, 클래스, 클래스 계층 및 계승, 복합 객체 등을 지원하는 데이터 모델이다.
③ 계층형(hierarchical) 데이터 모델은 데이터베이스의 논리적 구조를 표현한 데이터 구조도가 트리(tree) 형태로서, 부모 자식 레코드 타입 사이에는 1:n 관계만 허용된다.
④ 네트워크형(network) 데이터 모델은 데이터베이스의 논리적 구조를 표현한 데이터 구조도가 그래프(graph) 형태로서, 오너(owner) 멤버(member) 레코드 타입 사이에는 1:n, n:m 관계를 표현할 수 있다.

● 해설 : ①번

① 관계형(relational) 데이터 모델은 데이터베이스를 구성하는 개체와 관계가 모두 테이블로 표현되며, 개체들 사이에는 1:1, 1:n, n:m 관계를 표현할 수 있다. → 관계형 모델은 개체 사이에 관계가 표현 안됨

② 객체지향형(object-oriented) 데이터 모델은 객체 및 객체 식별자, 애트리뷰트와 메소드, 클래스, 클래스 계층 및 계승, 복합 객체 등을 지원하는 데이터 모델이다. → 객체 지향 모델은 메소드, 클래스, 상속구조 등의 객체지향의 특징을 지원하는 모델임

③ 계층형(hierarchical) 데이터 모델은 데이터베이스의 논리적 구조를 표현한 데이터 구조도가 트리(tree) 형태로서, 부모 자식 레코드 타입 사이에는 1:n 관계만 허용된다. → Tree형 태 이므로 항상 부모와 자식간에 1: N의 관계만 형성이 되고 반대는 형성되지 않음

④ 네트워크형(network) 데이터 모델은 데이터베이스의 논리적 구조를 표현한 데이터 구조도가 그래프(graph) 형태로서, 오너(owner) 멤버(member) 레코드 타입 사이에는 1:n, n:m 관계를 표현할 수 있다. → 네트워크 모델은 관계를 표현할 수 있음

● 관련지식 ●

1) Hierarchical Model

– 스키마 다이어그램이 그래프 형태로 표현되며, 링크에 의해 레코드간 연결
– 루트 레코드를 가지며, 사이클을 허용하지 않으며, 상하위 레벨 관계 성립 하나의 자식레코 드는 여러 개의 부모를 가질 수 있다.

– 일대다 관계만 표현 가능(1:n만 표현 가능)
– 부모 자식 관계 : 상위 레코드인 부모레코드와 하위 레코드인 자식레코드간의 관계 표현

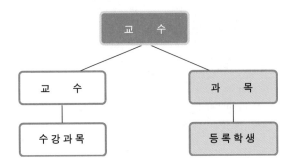

2) Network Model
– 레코드 타입 간의 관계에 대한 도형적 표현 방법
– 사각형 : 레코드 타입, 화살표 : 레코드 타입간의 관계를 일대다(1:n)으로 표현
– 스키마 다이어그램으로 사용가능 (데이터베이스의 논리적 구조를 데이터 구조도 즉 도형으로 표현)
– 그래프 형태 : 네트워크 데이터 모델(트리 형태 : 계층 데이터 모델)
– 스키마 다이어그램이 그래프 형태로 표현
– 실 세계에 가장 근접한 형태로 사이클을 가지며, 하나의 자식레코드는 여러 개의 부모를 가질 수 있다.
– 오너–멤버 관계 : 오너레코드에서 멤버레코드로 링크가 향하는 관계성 그래프
   오너(owner) : 상위계층에 속하는 레코드, 멤버(member) : 하위계층에 속하는 레코드

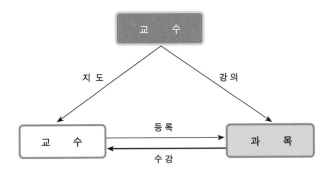

3) Object-oriented model
– 객체지향 데이터 모델은 데이터를 객체로 관리하는 것이며, 이 모델은 1990년대의 객체지향 기술을 응용하였기 때문에 그 데이터 구조가 유사하므로 상호 연결이 쉽고, 복잡하고 다양한 데이터들 간의 관계를 표현하기 쉽다. 객체지향 데이터 모델은 데이터를 객체(object) 형태로 저장한다. 객체는 다른 객체와 식별할 수 있는 이름과 그 객체와 관련이 있는 속성이

라는 데이터와 그 데이터를 다룰 수 있는 여러 메쏘드로 구성되어 있다. 객체 지향형 모델은 OID(object identifier)를 이용하여 데이터 관계를 표현한다. OID는 객체가 생성될 때 자동으로 생성되며 임의로 변경될 수 없다. 하지만, 이 모델은 실무에서는 잘 사용되지 않고 있다.

4) Relational Model
- 개체간의 관계성을 모두 테이블로 정의하여 표현
- 개체 릴레이션(entity relation) : 개체집합을 표현
- 관계 릴레이션(relationship relation) : 개체간의 관계를 나타내는 테이블
- 관계 스킴(relation scheme) : 개체와 관계에 대한 정의만 명세

[학생]	학 번	학생 성명	학 년	
[교수]	교수 번호	교수 성명	호 봉	
[과목]	과목 번호	과 목 명	학 점	
[지도]	교수 번호		학 번	
[등록]	학 번	과목 번호	성 적	
[강의]	교수 번호	과목 번호	시 간	장 소

주의 : 학교에서 배우는 관계형 데이터모델은 개체와 관계에 대한 정의만 명세 하는 것으로 되어 있음. 따라서 실무현장에서 배우는 ERD가 관계형 모델로 생각하면 문제를 풀 때 오류에 빠질 수 있음. 관계형 모델을 단순히 스키마 정보에 대한 정의만 표현한다고 생각해야 함.

관계형 데이터 모델링 용어 중 참조 무결성과 직접적인 관계가 있는 것은?

① 대체키(alternate key)　② 기본키(primary key)
③ 외래키(foreign key)　④ 후보키(candidate key)

● 해설 : ③번

참조 무결성 제약 조건에 참여하는 개념은 외래키(Foreign Key)가 됨.

● 관련지식 ••

• 데이터무결성에 종류는 5가지가 있고 참조 무결성은 FK에 의해 무결성을 유지할 수 있게 됨.

무결성 제약	기 본 개 념
개체 무결성 제약 (Entity Integrity)	• 릴레이션의 기본키 속성은 절대 널 값(Null Value)을 가질 수 없음 • 기본키는 유일성을 보장해주는 최소한의 집합이어야 함
키 무결성 (Key Integrity)	• 한 릴레이션에 같은 키값을 가진 투플들이 허용 안 됨
참조 무결성 (Referential Integrity)	• 외래키 값은 그 외래키가 기본키로 사용된 Relation의 기본키 값이거나 널(Null) 값일 것(FK에 의해 연결됨) • 릴레이션의 외래키 속성은 참조할 수 없는 값을 가질 수 없음
속성 무결성 (Attribute Integrity)	• 컬럼은 지정된 데이터 형식(Format, Type)을 만족하는 값만 포함 • CHAR, VARCHAR2, NUMBER, DATE, LONG 등
사용자 정의 무결성	• 데이터베이스내에 저장된 모든 데이터는 업무 규칙 (Business Rule) 을 준수해야 함 • CHECK, DEFAULT, 데이터베이스 트리거 등

데이터베이스 설계 단계 중 데이터모델 매핑(data model mapping)을 통해서 생성된 결과로 알 맞은 것은?

① 개념 스키마(conceptual schema)
② 물리 데이터베이스(physical database)
③ 내부 설계(internal design)
④ 내부 스키마(internal schema)

● 해설 : ①번

데이터모델은 통합된 모습으로서 3단계 스키마 구조 중 개념 스키마((conceptual schema)로 매핑이 됨.

● 관련지식 ●●●

• 3단계 스키마 구조

항목	정의	핵심
외부스키마 (External Schema)	– View 단계 여러 개의 사용자 관점으로 구성, 즉 개개 사용자 단계로서 개개 사용자가 보는 개인적 DB 스키마 – DB의 개개 사용자나 응용프로그래머가 접근하는 접근하는 DB 정의	사용자 관점 접근하는 특성에 따른 스키마 구성
개념스키마 (Conceptual Schema)	– 개념단계 하나의 개념적 스키마로 구성 모든 사용자 관점을 통합한 조직 전체의 DB를 기술하는 것 – 모든 응용시스템들이나 사용자들이 필요로 하는 데이터를 통합한 조직 전체의 DB 를 기술한 것으로 DB 에 저장되는Data 와 그들간의 관계를 표현하는 스키마	통합관점 (데이터모델에 해당)
내부스키마 (Internal Schema)	– 내부단계, 내부 스키마로 구성, DB가 물리적으로 저장된 형식 – 물리적 장치에서 Data 가 실제적으로 저장되는 방법을 표현하는 스키마	물리적 저장구조

데이터베이스 모델 범주를 두 가지로 그룹을 짓는다면 다음 중 가장 적절한 것은?

① 물리적 모델과 개념적 모델(physical model and conceptual model)
② 개념적 모델과 구현 모델(conceptual model and implementation model)
③ 구현 모델과 물리적 모델(implementation model and physical model)
④ 물리적 모델과 외부적 모델(physical model and external model)

● 해설 : ②번

정답은 개념적 모델과 구현모델로 되어 있음. 실제 프로젝트 현장에서는 논리적 모델과 물리적
모델로 구분을 많이 하는데 이렇게 구분한 지문이 없으므로 개념모델을 논리모델로 이해하고
물리적모델을 구현모델로 대비하여 문제를 풀어갈 수 있음.

● 관련지식 ··

• 특별히 정확하게 정의된 내용이 없어 문제가 다시 출제될 가능성이 낮음. 해당 내용만 이해하
  면 됨.

개체 A에서 개체 B로 다음의 관계(relationship)가 성립할 경우, 이를 릴레이션(relation)으로 변환하는 규칙이 잘못된 것은? 개체 A와 개체 B는 이미 별도의 릴레이션으로 표현되어 있다고 하자.

① 1:1 관계의 경우, 한 릴레이션의 키를 다른 릴레이션에 추가하면 된다.
② N:M 관계의 경우, 관계 자체를 표현하는 제 3의 릴레이션을 생성한다.
③ 1:N 관계의 경우, B 개체를 표현하는 릴레이션의 키를 A 개체를 표현하는 릴레이션에 추가한다.
④ A가 수퍼타입(supertype), B가 서브타입(subtype)인 IS–A 관계의 경우, A개체를 표현하는 릴레이션의 키를B개체를 표현하는 릴레이션에 추가한다.

● 해설 : ③번

1:N 관계의 경우, B 개체를 표현하는 릴레이션의 키를 A 개체를 표현하는 릴레이션에 추가한다. → 반대로 되어야 함. 1:N 관계의 경우, A 개체를 표현하는 릴레이션의 키를 B 개체를 표현하는 릴레이션에 추가함.

● 관련지식 •••

• 사원테이블과 발령 테이블에 관계가 1:N으로 되어 있을경우 사원테이블의 PK가 발령테이블의 PK로 상속된다.

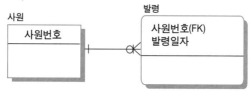

〈사원과 발령 테이블 1:N〉

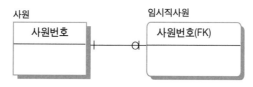

(사원과 임시직사원 테이블 1:1)

데이터에 대한 자료 양과 사용패턴 분석은 어느 단계에서 수행하는 것이 적절한가?

① 개념적 데이터베이스 설계 단계
② 논리적 데이터베이스 설계 단계
③ 물리적 데이터베이스 설계 단계
④ 데이터베이스 운영 단계

● 해설 : ①번

데이터에 대한 자료양과 사용패턴은 개념적 데이터베이스 설계 단계에서 하는 것으로 되어 있음.

● 관련지식 ●

• 자료양과 패턴 분석 작업은 개념적 데이터 모델이 완성된 이후 검토하기로 한 요구사항 정의 및 분석의 추가 작업임. 이 작업에서는 필요한 자료를 수집하는 것 이외에도 개념적 데이터 모델내의 불일치를 찾아 수정할 수도 있음.
  – 자료양 분석은 데이터베이스에 표현해야 할 각 논리적 엔터티의 현재 및 미래의 수량을 예측하는 것임.
  – 자료 사용패턴 분석은 데이터베이스의 접근 및 갱신을 필요로 하는 여러 가지 트랜잭션들이 각 엔터티를 접근할 빈도수를 예측하는 것임. 자료양과 패턴 분석작업에서 수집된 통계는 물리적 설계과정의 주요입력이 됨.

개체–관계 다이어그램(E–R Diagram)에서 유도 애트리뷰트(derived attribute)를 나타내는 요소는?

① 일반 타원   ② 이중 타원   ③ 점 타원   ④ 밑줄 타원

● 해설 : ③번

유도 애트리뷰트는 점 타원으로 표현이 됨.
유도=파생=추출 속성은 모두 영어로 Derived Attribute를 의미함.

● 관련지식 ●●●

• 데이터 모델의 속성에 대한 표현 방법은 다음과 같음.

구성요소	주요내용
속성 (Attribute) 〔일반 타원〕 〔일반〕 일반 〔식별〕 식별 〔유추(점선)〕 유추 〔다중치〕 다중치	• 개체에 대한 특성을 기술하는 데이터 항목(타원형으로 표현) • 속성유형 – 기초속성(Basic Facts) : 다른 속성으로부터 유추할 수 없는 속성 – 유추속성(Derived Facts) : 다른 속성의 값으로부터 그 값을 유추할 수 있는 속성 (예) 출생년도는 기초속성, 출생간지는 유추속성 – 단일치 속성(Single–Valued Facts) : 하나의 값만을 속성치로 가지는 속성(주민등록번호 – 다중치 속성(Multi–Valued Facts) : 하나 이상의 값을 속성치로 가지는 속성(자녀이름) • 도메인(Domain) – 임의의 속성에 대하여 가능한 모든 속성치의 집합 • 키(Key) – 개체 집합에서 개체를 식별하기 위해 사용되는 속성 – 기본키, 후보키, 슈퍼키, 대체키 등

데이터베이스의 설계 순서로 맞는 것은?

① 요구조건 분석 → 개념적 설계 → 논리적 설계 → 물리적 설계 → 구현
② 요구조건 분석 → 논리적 설계 → 개념적 설계 → 물리적 설계 → 구현
③ 개념적 설계 → 요구조건 분석 → 논리적 설계 → 물리적 설계 → 구현
④ 요구조건 분석 → 개념적 설계 → 물리적 설계 → 논리적 설계 → 구현

● 해설 : ①번

분석 → 설계(개념적설계, 논리적설계, 물리적설계) → 구현 으로 전개됨.

● 관련지식 ●●●

• 데이터베이스 설계 진행 방법은 다음과 같이 전개 됨.

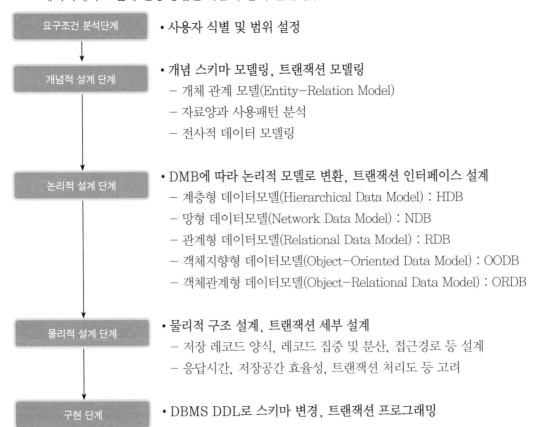

| 요구조건 분석단계 | • 사용자 식별 및 범위 설정 |

| 개념적 설계 단계 | • 개념 스키마 모델링, 트랜잭션 모델링
　－ 개체 관계 모델(Entity−Relation Model)
　－ 자료양과 사용패턴 분석
　－ 전사적 데이터 모델링 |

| 논리적 설계 단계 | • DMB에 따라 논리적 모델로 변환, 트랜잭션 인터페이스 설계
　－ 계층형 데이터모델(Hierarchical Data Model) : HDB
　－ 망형 데이터모델(Network Data Model) : NDB
　－ 관계형 데이터모델(Relational Data Model) : RDB
　－ 객체지향형 데이터모델(Object−Oriented Data Model) : OODB
　－ 객체관계형 데이터모델(Object−Relational Data Model) : ORDB |

| 물리적 설계 단계 | • 물리적 구조 설계, 트랜잭션 세부 설계
　－ 저장 레코드 양식, 레코드 집중 및 분산, 접근경로 등 설계
　－ 응답시간, 저장공간 효율성, 트랜잭션 처리도 등 고려 |

| 구현 단계 | • DBMS DDL로 스키마 변경, 트랜잭션 프로그래밍 |

2006년 61번

다음 그림은 레스토랑 체인을 데이터베이스화하기 위한 E-R 다이어그램이다. RESTAURANT
은 음식점, ITEM은 메뉴, SALE은 주문을 각각 나타낸다.
밑줄 친 속성(Attribute)은 기본키(Primary Key)에 해당되는 속성이다.
E-R 다이어그램을 관계 데이터베이스 스키마로 바꾸면 테이블이 몇 개가 생성되는가?

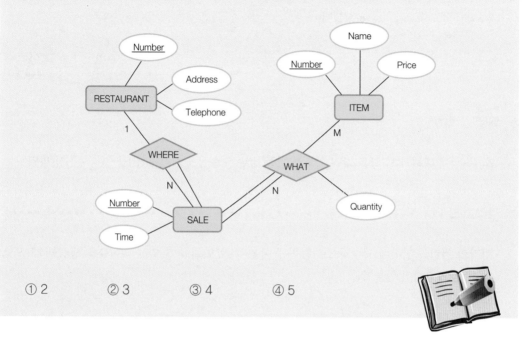

① 2　　　　　② 3　　　　　③ 4　　　　　④ 5

● 해설 : ③번

사각형으로 표현된 엔터티의 개수를 세고 마름모로 표현된 것 중에서 속성(타원형)이 있거나
M:N관계일 경우에 1개의 엔터티가 더 있는 것으로 개수를 더하면 됨.

● 관련지식 ●

• 엔터티 개수를 세는 방법
　- 엔터티(사각형)의 개수를 센다
　- 관계(마름모)중 속성을 가지고 있거나 M:N관계일 경우 1 개의 테이블로 센다
　- 속성(타원형)중 이중타원(유추속성)일 경우 1개의 테이블로 센다.

2007년 59번

데이터베이스 설계시 키가 아닌 속성에 대하여 널 값(Null Value)을 갖는 것을 방지하는 방법은 어느 것인가?

① UNIQUE 제약을 사용한다.
② PRIMARY KEY 제약을 사용한다.
③ NOT NULL 제약을 사용한다.
④ CHECK 제약을 사용한다.

● 해설 : ③번

　일반속성에 대해서 널 값을 갖지 않도록 하는 방법은 속성에 Not Null을 지정하는 방법임.

● 관련지식 •

• 각각의 컬럼의 뒤쪽에 필수적으로 값이 들어올 수 있도록 하기 위해 테이블을 생성할 때 Not null 을 포함하여 만들어줌

```
CREATE TABLE employees (
    id              INTEGER   PRIMARY KEY,
    first_name    CHAR(50)  NULL,
    last_name    CHAR(75)  NOT NULL,
    dateofbirth   DATE        NULL
);
```

아래의 ER 다이어그램을 관계 데이터베이스 스키마로 사상하려고 한다.
R1, R2, R3, R4는 엔터티 타입, HAS는 관계 타입, R2는 약한 엔터티 타입이다. R2를 릴레이션
으로 올바르게 사상한 것은?

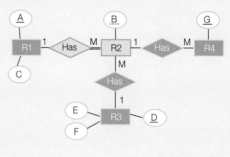

① R2(A, B, D)　　② R2(A, B)　　③ R2(B, D)　　④ R2(A, B, D, G)

● 해설 : ①번

R2 테이블은 R1과의 관계에서 1:M관계의 Weak Entity로서 R1으로부터 PK를 받아 자신의 PK로 생성되는 식별자관계(Indentifying Relationship)의 관계이고 R3 와 R1의 관계는 R3의 PK를 R1자신의 일반속성으로 가져오는 비식별자관계(Non-indentifying Relationship)임.

따라서 R1에서 A를 가져오고 R3에서 D를 가져오면서 A만 PK로 밑줄이 그어져야 하므로 정답은 R2(A, B, D)이 됨.

● 관련지식 ●

식별자/비식별자관계

엔터티 사이 관계유형은 업무특징, 자식엔터티의 주식별자구성, SQL 전략에 의해 결정된다.

영화, 관객, 제작사에 관한 다음과 같은 ER 모델을 관계 데이터베이스 스키마로 사상했을 때 몇 개의 릴레이션을 생성하는 것이 가장 적합한가?

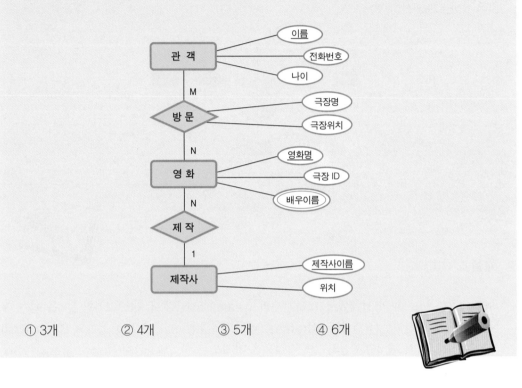

① 3개   ② 4개   ③ 5개   ④ 6개

● 해설 : ②번

사각형으로 표현된 엔터티의 개수를 세고 마름모로 표현된 것 중에서 속성(타원형)이 있거나 M:N관계일 경우에 엔터티 개수를 세면됨.

● 관련지식 •••

• 엔터티 개수를 세는 방법
   – 엔터티(사각형)의 개수를 센다
   – 관계(마름모)중 속성을 가지고 있거나 M:N관계일 경우 한 개의 테이블로 센다
   – 속성(타원형)중 이중타원(유추속성)일 경우 1개의 테이블로 센다.

아래 ER 다이어그램을 관계 데이터베이스 스키마로 사상하려고 한다.
E1, E2는 엔터티 집합(또는 엔터티 타입), R1, R2는 관계성(또는 관계타입)이며 E1, E2는 R1에 의해 다 대 다 관계를 이루고 있고, E2는 R2를 순환관계로 가지고 있다. 또한 타원에 있는 a, b, c, d, e는 애트리뷰트(Attribute)이고 애트리뷰트에 밑줄이 표시된 것은 그 애트리뷰트가 키임을 나타낸다. 올바르게 사상한 것은?

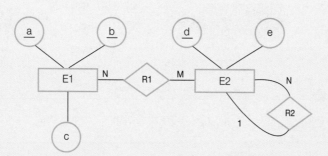

① E1(a, b, c), E2(d, e), R1(a, d), R2(d, d)
② E1(a, b, c, d), E2(d, e, d)
③ E1(a, b, c), E2(d, e, d), R1(a, b, d)
④ E1(a, b, c), E2(a, b, d, e)

● **해설 :** ③ 번

- E1은 쉽게 E1(a, b, c)이 도출됨
- R1은 관계엔터티로서 양쪽의 PK를 모두 들고 오는 관계 R1(a, b, d)
- E2는 자신의 속성 + R2가 자기참조관계이므로 자신의 PK가 일반속성의 FK로 작용하도록 함. E2(d, e, d)

● **관련지식** ••

- 데이터의 PK와 속성이 모두 동일한 구조로서 계층구조를 이루는 데이터속성에 대해서 별도로 엔터티로 분리하지 않고 하나의 엔터티에서 관계로서 표현하는 것임.

자기참조관계(Recursive Relationship)

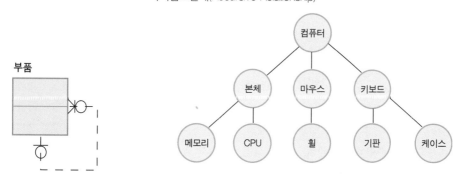

- 하나의 엔티티타입내에서 엔티티와 엔티가 관계를 맺고 있는 형태의 관계

‒ 자기참조관계는 1:1, 1:M, M:N 세 가지로 나타난다. 가장 많이 적용되는 경우가 1:M관계에 해당되는데 각각에 대한 특징을 살펴보기로 함.

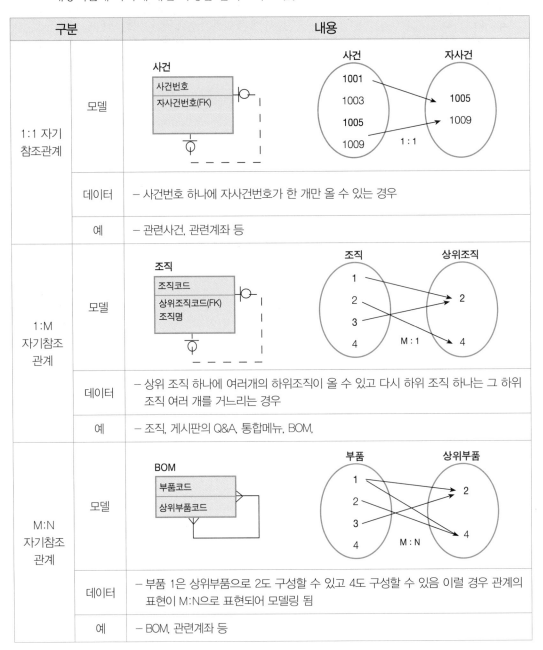

구분		내용
1:1 자기 참조관계	모델	
	데이터	‒ 사건번호 하나에 자사건번호가 한 개만 올 수 있는 경우
	예	‒ 관련사건, 관련계좌 등
1:M 자기참조 관계	모델	
	데이터	‒ 상위 조직 하나에 여러개의 하위조직이 올 수 있고 다시 하위 조직 하나는 그 하위 조직 여러 개를 거느리는 경우
	예	‒ 조직, 게시판의 Q&A 통합메뉴, BOM.
M:N 자기참조 관계	모델	
	데이터	‒ 부품 1은 상위부품으로 2도 구성할 수 있고 4도 구성할 수 있음 이럴 경우 관계의 표현이 M:N으로 표현되어 모델링 됨
	예	‒ BOM, 관련계좌 등

• M:N 자기참조관계 해소
   ‒ 잘 알다시피 M:N관계의 경우 실제로 물리적인 테이블에서는 동일한 스키마를 구성할 수 없는 것이 관계형 데이터베이스의 특징임. 그래서 일반 데이터모델에서는 관계엔터티타입을 이용하여 M:N관계를 해소하는데 M:N 자기참조관계에서도 이것을 관계엔터티타입을 이용

하여 그 관계를 해소하는 방법을 적용하고 있음. 하나의 엔터티타입내에서는 복수의 관계를 표현하는 것이 불가능하므로 관계 엔터티타입을 이용하여 데이터를 처리할 수 있도록 한 것임.

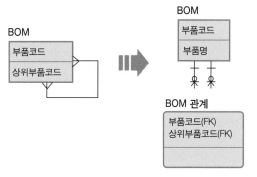

M:N 자기참조관계(Recursive Relationship)의 해소

하나의 엔터티타입내에서 엔티티와 엔티가 관계를 1:M 맺고 있는 형태의 관계

객체-관계(Object-Relational) 데이터 모델에 대한 설명이 <u>틀린 것은?</u>

① SQL-99는 객체-관계 모델을 위한 표준이다.
② 'REF IS'를 이용해 객체 식별자(Object Identifier)를 생성할 수 있다.
③ 사용자 정의 타입(User-defined Type)과 사용자 정의 클래스(User-defined Class)를 정의
   할 수 있다.
④ 테이블간의 상속 계층과 타입 간의 상속 계층이 별도로 존재한다.

● 해설 : ③번

　　사용자정의 클래스라는 것은 없음.

● 관련지식 ●●●

　• ORDBMS의 특징

특징	내용	
사용자의 정의형 지원	사용자 정의형 데이터 타입의 저장 및 검색 가능	Distinct, Strucured
참조 타입 지원	하나의 객체 레코드가 다른 객체 레코드를 참조(reference)함으로써 참조 구조를 이용한 네비게이션 기반 접근 가능	Row, Reference
중첩된 테이블	테이블 안의 하나의 컬럼이 또 다른 테이블로 구성됨으로써 복합 구조의 모델링이 가능해짐.	
대단위 객체 지원	이미지, 오디오, 비디오 등의 대단위 비정형 데이터를 위한 LOB(Large Object)를 기본형으로 지원함.	BLOB, CLOB
테이블간 상속관계	테이블간의 상속 관계 지정함으로써 객체지향의 장점 수용	

CRUD Matrix상관 모델링은 데이터모델링 작업에서 도출한 엔터티 타입과 프로세스 모델에서
도출한 단위 프로세스를 이용하여 작업한다. 다음 중에서 CRUD Matrix 상관모델링 작업을 통
해서 얻을 수 있는 기대효과로 적합하지 않은 것은?

① 데이터모델과 프로세스 모델의 품질을 모두 향상시킬 수 있다.
② 단위 프로세스를 이용하여 적절한 엔터티 타입이 도출되었는지 검증할 수 있다.
③ 고가용성을 위한 DB서버 클러스터링 설계시, 각 서버별로 잠금현상을 최소화 할 수 있도
　록 엔터티 타입의 연관관계를 파악할 수 있다.
④ 엔터티타입의 생명주기를 분석할 수 있다.

● 해설 : ④번

　엔터티타입의 생명주기를 분석할 수 있는 것은 상관모델링이 아님.

● 관련지식 ••
　– 실무형 데이터베이스 설계와 구축에 관련된 지식을 배경으로 '데이터베이스 설계와구축,
　　2002, 한빛미디어, 이춘식'이라는 책이 나왔는데, 실무현장 뿐만 아니라 대학에서도 많이
　　읽혀 지고 있음. 이 문제는 이 책의 상관모델링 내용에서 출제 되었음.

1) 상관모델링 샘플

CRUD MATRIX 상관모델링

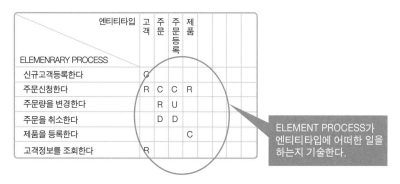

2) 상관모델링과 클러스터링의 기준
　– 고가용성(HIGH AVAILABILITY)을 위한 데이터베이스 서버 클러스터링 적용시 CRUD
　　MATRIX 이용
　– 데이터베이스서버에서 서비스를 하루 24시간동안 정지하지 않고 365일 동안 운영하기 위해

적용하는 방법이 두 대이상의 서버를 이용하여 클러스터링을 적용하는 방법이 있다. 오라클 DBMS의 경우 클러스터링 적용시 RAC(REAL APPLICATION CLUSTER)를 적용하는데 이때 업무를 분산하여 각 서버별로 배치해야 잠금현상(LOCK)을 최소화 할 수 있다. 업무별로 상관관계를 체크하는 CRUD MATRIX를 분석하면 엔티티타입의 연관관계(밀집도)를 파악할 수 있으므로 연관관계가 많은 엔티티타입의 그룹을 묶어 각각서버에 위치시키고 서버간에는 연관관계가 최소화되도록 배치함으로써 잠금현상을 최소화 한다.

3) 엔티티의 생명주기 분석 방법

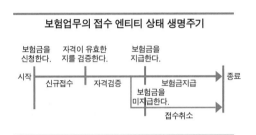

보험업무의 접수 엔티티 상태 생명주기

- 위 그림은 보험금을 신청하여 접수된 모습부터 보험금을 지급하기 까지 과정을 ELEMENTARY PROCESS에 의해 변환이 되는 엔티티상태를 시간 순으로 분석한 그림임. 만약 위와 같이 분석하다가 특정 상태가 생략이 되는 경우는 해당 ELEMENTARY PROCESS가 도출되지 않은 경우에 해당됨. ELEMENTARY PROCESS는 존재하는데 어떠한 상태가 유지되어야 하는지 파악되지 않는다면 업무파악이 덜 상태일 확률이 많은 것임을 의미함.

다음 ER 다이어그램을 보고 올바르게 설명된 것을 고르시오?

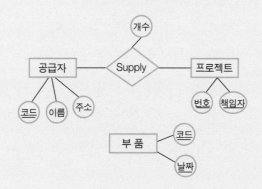

① 위 3진 관계는 3개의 이진관계로 나누어 표현해도 항상 동일하다.
② 관계타입(relationship type)은 1개의 속성을 가진다.
③ 순환적 관계를 가진다.
④ 부품은 복합키를 가진 약성 엔터티타입(weak entity type)이다.

● 해설 : ②번

① 위 3진 관계는 3개의 이진관계로 나누어 표현해도 항상 동일하다. → 업무적으로 의미가 있
  는 관계를 임의로 분리하면 안됨
② 관계타입(relationship type)은 1개의 속성을 가진다. → Supply라는 관계 엔터티타입은 한
  개의 속성인 개수를 가지고 있음
③ 순환적 관계를 가진다. → 자기를 참조하는 관계인 순환적 관계는 나타나 있지 않음
④ 부품은 복합키를 가진 약성 엔터티타입(weak entity type)이다. → 코드가 PK인 고유한 엔
  터티타입에 해당함

데이터 모델(data model)은 데이터베이스 내에 존재하는 데이터를 정의하고 데이터들간의 관계(relationship)를 규정한다. 관계형 데이터 모델(relational datamodel)의 장점과 가장 거리가 먼 것은?

① 데이터 모델 구조가 탄력적이어서 필요할 때 테이블(table)사이의 연결을 통해 데이터를 생성, 처리할 수 있다.
② 데이터 정의 언어와 데이터 조작 언어가 간단하여 쉽게 사용할 수 있다.
③ 한 멤버(member)가 여러 개의 집합에 속할 수 있기 때문에 다대다(n:m) 관계가 쉽게 구현될 수 있고, 데이터의 접근(access)이 다른 모델에 비해 우수하다.
④ 데이터간의 복잡한 관계를 개념적으로 분명하고 간단하게 표현한다.

● 해설 : ③번

관계형 데이터모델의 장점은 유연하고, 쉽고, 간단하다는 특징을 가지고 있음. 그러나 하나의 멤버에 여러 개의 집합에 속할 수 있는 다대다의 경우 객체지향은 쉽게 타입으로 표현할 수 있지만 관계형 모델은 별도의 엔터티를 이용하여 풀어서 표현해야 함.

● 관련지식 •

• 관계형 데이터모델에서 다대다 관계를 해소하는 방법

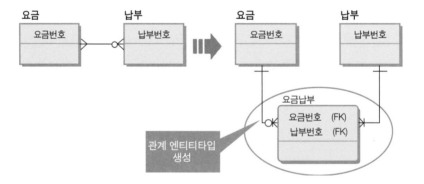

데이터베이스(database)를 구성하는 요소는 크게 사용자 관점에서의 논리적 또는 개념적 구성 요소와 시스템 관점에서의 물리적 구성요소로 나누어 생각할 수 있다. 데이터베이스의 개념적 구성요소를 설명한 것 중 적절하지 <u>않은</u> 것은?

① 하나의 개체 또는 엔터티(Entity)는 하나 이상의 속성, 즉 애트리뷰트(attribute)로 구성된다.
② 개체 집합(set)과 개체 집합 간에는 여러 가지 유형의 관계(relationship)가 존재할 수 없다.
③ 어느 한 특정 개체는 그 개체를 구성하고 있는 속성들이 어떤 구체적인 값을 가짐으로써 실체화 된다. 이것을 개체 인스턴스(entity instance)라고 한다.
④ 필드(field)이름으로 표현된 레코드(record) 정의를 레코드 타입(record type)이라 하고, 실제 필드 값(value)이라 하고, 실제 필드 값(value)으로 표현된 레코드를 레코드 어커런스(record occurrence)라고 한다.

● 해설 : ②번

개체집합과 개체집합 사이에는 여러 개의 관계(병렬관계, 1:1의 관계, 자기참조 관계 등)이 있을 수 있음.

객체 데이터 모델(object data model)은 객체 지향 모델을 지원하는 데이터 모델이다. 이러한 모델을 지원하는 객체 지향 데이터베이스 시스템에 관한 설명 중에 가장 적절하지 <u>않은</u> 것은?

① 공통적인 특성을 가진 객체들을 하나의 클래스(class)로 그룹(group)지을 수 있다.
② 클래스 계층(hierarchy)에서 한 클래스는 임의의 수의 서브클래스(subclass)를 가질 수 있다.
③ 어느 한 객체의 애트리뷰트(attribute)가 그 값으로 다른 객체를 참조(reference)하는 객체를 가질 수 있다.
④ 객체의 식별성은 객체 식별자(object identifier)로 표현되는데, 생성된 후에도 변경할 수 있다.

● 해설 : ④번

객체 식별자는 시스템 내부적으로 생성되는 값을 이용하는 경우가 많고, 시스템 내부적으로 생성된 값을 많이 사용하기 때문에 생성된 이후에는 그대로 유지될 수 밖에 없게 됨.

D03. 정규화, 함수종속성

1) 함수적 종속성(Functional Dependency)
   - 릴레이션 R에서, 속성(Attribute) X의 값 각각에 대해 속성(Attribute) Y의 값이 하나 만 연관되는 관계를 Y는 X에 함수 종속이라고 하고, X→Y로 표현.
   - X : 결정자(determinant), Y : 종속자(dependent)

2) 함수종속다이어그램 (FDD: Functional Dependency Diagram)
   - 애트리뷰트들 간의 함수 종속관계를 도식으로 표현

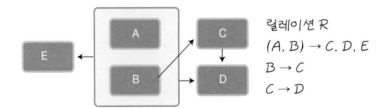

릴레이션 R
$(A, B) \rightarrow C, D, E$
$B \rightarrow C$
$C \rightarrow D$

종속성구분		주요개념
함수적종속성 (FD)	함수적종속석(FD)	릴레이션의 한속성 X가 다른 속성 Y를 결정지을 때 Y는 X에 함수 적으로 종속됨. X→Y
	부분함수적종속성 (2NF)	X → Y에서 Y가 X의 부분집합에 대해서도 함수적으로 종속되는 경 우
	이행함수적종속성 (3FN)	릴레이션 R에서 속성 A→X이고 X→Y이면 A→Y임
	결정자함수적종속성 (BCNF)	- 함수적 종속이 되는 결정자가 후보키가 아닌 경우 - 즉, X→Y에서 X가 후보키가 아님
다중값 종속성 (MVD: Multi-Valued Dependency,4NF)		- 한관계에 둘이상의 독립적 다중값속성이 존재하는 경우 - X,Y,Z 세개의 속성을 가진 릴레이션 R에서 속성쌍[X,Z]값에 대응 하는 Y값의 집합이 X값에만 종속되고 Z값에는 독립이면 Y는 X 에 다중값 종속된다고 하고 X → Y로 표기

종속성구분	주요개념
조인종속성 (Adjoin Dependency,5NF)	관계 중에서 둘로 나눌 때는 원래의 관계로 회복할 수 없으나, 셋 또는 그 이상으로 분리시킬 때 원래의 관계를 복원할 수 있는 특수 한 경우임

구분	추론	내용	비고
기본	재귀	Y가 X의 부분집합이면 X→Y이다	Reflective
	증가	X→Y이면, XZ→YZ이다	Augmentation
	이행	X→Y이고, Y→Z이면, X→Z이다.	Transitivity
부가	연합	X→Y이고, Y→Z이면, X→YZ이다	Union
	분해	X→YZ이면, X→Y이고, X→Z이다.	Decomposition
	가이행	X→Y이고, YW→Z이면, XW→Z이다	Pseudo-Transitivity

4) 스키마 R(A, B, C, D, E, F, G, H, I)에서 Key 결정 및 도출 과정

결정자 도출 → (유일성 검증) → 슈퍼키 선정 → (최소성 확인) → 후보키 선정 → (엔터티 대표성) → 기본키 결정

1) 추론 규칙을 활용한 결정자 도출
   - 이행규칙 : $D \rightarrow F$ 이고 $F \rightarrow G$ 이면 $D \rightarrow G$ 이다.
   - 첨가규칙 : $A \rightarrow B$ 이면 $AD \rightarrow BD$ 이고 $AD \rightarrow B$ 이다. (나머지 동일)
     $AD \rightarrow B, AD \rightarrow C, AD \rightarrow E, AD \rightarrow F, AD \rightarrow G$
   - AD가 나머지 속성들을 결정함

2) 슈퍼키/후보키/기본키 선정 : AD
   - Relation R의 전체 속성을 결정짓는 결정자 (A, D)가 스키마의 유일성과 최소성
     을 만족하며 후보키가 1개이므로 기본키로 결정함

5) 정규화의 원리

구분	내용
정보의 무손실 (Lossless Decomposition)	분해된 Relation이 표현하는 정보는 분해되기 전의 정보를 모두 포함하고 있어야 하며 보다 더 바람직한 구조여야 함
데이터 중복성의 감소	최소한의 중복으로 여러 가지 이상현상을 세거 중복으로 인한 이상현상 발생 방지

구분	내용
분리의 원칙 (Decomposition)	하나의 독립된 관계성은 하나의 독립된 Relation 으로 분리하여 표현한다는 것

※ 무손실 분해: 릴레이션을 분해한 후, 분해한 릴레이션을 조인하여 저장 정보의 손실이 없이 원래의 릴레이션을 생성할 수 있는 것

6) 정규화

구분	단계	내용
기본 정규화	1차 정규화	반복되는 속성 제거
	2차 정규화	부분함수 종속성 제거
	3차 정규화	이행함수 종속성 제거
	BCNF	결정자함수 종속성 제거
고급 정규화	4차 정규화	다중 값 종속성 제거
	5차 정규화	결합 종속성 제거

2004년 55번

직원의 차량현황을 다음처럼 한 릴레이션으로 만들었다.
한 직원이 여러 대의 차량을 소유할 수 있지만 한 사람당 지정주차면 하나만 배정되고, 모든 차량은 대표소유주가 한 사람으로 등록된다. 여기에서 기본키는 "차량번호"이다. 이 릴레이션은 최고 몇 정규형인가?

차량현황 (<u>차량번호,</u> 소유주, 소유주연락처, 차종, 지정주차면)

① 제1정규형   ② 제2정규형   ③ 제3정규형   ④ BCNF 정규형

● 해설 : ②번

제1정규형에 해당하는지 검증 : 차량현황의 PK가 차량번호(가장 작은 단위의 속성값을 가진 속성) 이므로 차량번호에 따른 반복속성은 나타나지 않아 제1정규형에 해당함.
제2정규형에 해당하는지 검증 : 복수의 결정자가 있을 때 일부에 종속되는 속성이 있을 때 제 제2규형을 위배하나 지금은 결정자에 대한 복수가 지정되지 않아 제2정규형을 위반할 대상이 되지 않음. 따라서 제2정규형에 해당함.
제3정규형에 해당하는지 검증 : 차량번호가 기본키이고 전체에 대한 결정자임에도 불구하고 이를 종속하는 종속자 중에서 소유자가 결정자가 되고 소유주연락처와 지정주차면이 소유주에 함수적 종속관계를 갖을 수 있으므로 3차 정규형에 위배됨(이전 종속을 가진 속성을 분리)
따라서 제2정규형에 해당함.

● 관련지식 ···

1) 정규화와 정규형의 관계와 함께 순서에 따른 정규화 적용 개념

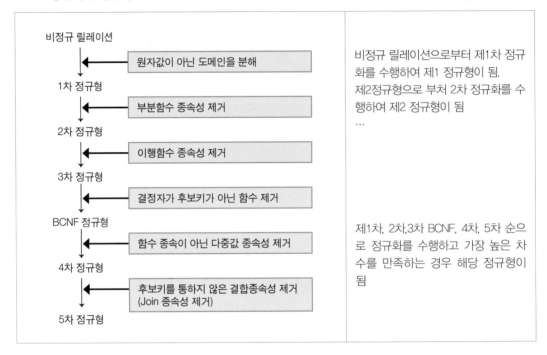

비정규 릴레이션

원자값이 아닌 도메인을 분해

1차 정규형

부분함수 종속성 제거

2차 정규형

이행함수 종속성 제거

3차 정규형

결정자가 후보키가 아닌 함수 제거

BCNF 정규형

함수 종속이 아닌 다중값 종속성 제거

4차 정규형

후보키를 통하지 않은 결합종속성 제거
(Join 종속성 제거)

5차 정규형

비정규 릴레이션으로부터 제1차 정규화를 수행하여 제1 정규형이 됨.
제2정규형으로 부쳐 2차 정규화를 수행하여 제2 정규형이 됨
…

제1차, 2차,3차 BCNF, 4차, 5차 순으로 정규화를 수행하고 가장 높은 차수를 만족하는 경우 해당 정규형이 됨

2) 정규형에 대한 개념

종류	주 요 개 념
제1정규형(1NF)	릴레이션 R에 속한 모든 도메인이 원자값(atomic value)만으로 되어 있는 경우
제2정규형(2NF)	릴레이션 R이 1NF이고 릴레이션의 기본키가 아닌 속성들이 기본키에 완전히 함수적으로 종속할 경우
제3정규형(3NF)	릴레이션 R이 2NF이고 기본키가 아닌 모든 속성들이 기본키에 대하여 이행적 함수 종속성(Transitive FD)의 관계를 가지지 않는 경우
BCNF (Boyce/Codd NF)	릴레이션 R의 모든 결정자가 후보키일 경우
제4정규형(4NF)	BCNF 만족시키면서 다중값 종속을 포함하지 않는 관계
제5정규형(5NF)	제4정규형을 만족시키면서 결합 종속을 포함하지 않는 관계

다음은 어느 릴레이션의 스키마와 이에 해당되는 함수적 종속성을 나타낸 것이다. 최소한 제3 정규형이 되도록 정규화 시키고자 한다. 분해된 결과로 맞는 것은?

(릴레이션 스키마)
  R(A, B, C, D, E, F), key = AB
(함수적 종속성)
  AB → C, AB → D,   B → E,   B → F

① R1(A, B, C), R2(B, D, E, F) 로 분해한다.
② R1(A, B, C, D), R2(B, E, F) 로 분해한다.
③ R1(A, B, D), R2(B, C, E, F) 로 분해한다.
④ R1(A, B, C, D, E), R2(B, F) 로 분해한다.

● 해설 : ②번

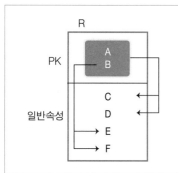

PK가 A,B인 릴레이션에서 C와 D는 PK이면서 결정자인 AB에 완전함수 종속함.
일반속성 중 E, F는 결정자중 일부 속성인 B에 대해서만 함수종속관계를 가지고 있으므로 결정자중 일부 속성에만 함수 종속관계이므로 2차 정규화의 대상이 됨.
따라서, 완전함수종속이 된 릴레이션과 부문함수 종속이 된 릴레이션을 분리하는 2차 정규화를 수행함.

2차 정규화 완성 모델

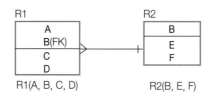

● 관련지식 ●

• 4-55참조

관계 데이터베이스 설계에서 이상현상을 없애기 위해서 함수적 종속성을 이용한다. 다음 릴레이션 R1에서 유추할 수 있는 함수적 종속성(functional dependency)이 <u>아닌 것은?</u>

(릴레이션 R1)

A	B	C	D
a1	b1	c1	d1
a1	b2	c1	d2
a2	b2	c1	d2
a3	b3	c1	d1

① A → C   ② B → D   ③ D → C   ④ D → A

● 해설 : ④번

    ④ D → A의 경우 d2가 a1이 나올 수도 있고 a2가 나오는 경우도 있어 함수종속성의 정의에 위배됨.

● 관련지식 ●●

1) 함수적 종속성(Functional Dependency)
 - 릴레이션의 한 속성 X가 다른 속성 Y를 결정지을 때 Y는 X에 함수적으로 종속됨, X → Y
   X는 결정자(determinant), Y는 종속자(dependent)
 - 변수 x와 y 사이에 x의 값이 정해지면 따라서 y값이 정해진다는 관계가 있을때, y는 x의 함수라고 하고, 또 x를 독립변수, y를 종속변수라고 함.
 - 즉, X → Y 일 때 X의 값에 따라 Y의 값은 항상 일정한 값이 나와야지 다른 값이 나오면 안됨. 반대로 Y값의 경우는 결정을 받는 값이기 때문에 Y값에 따른 X의 값은 무관함

2) 함수적 종속도
- 함수 종속성의 관계를 도식으로 나타낸 것

종속성유형	함수 종속도
완전 함수적 종속성: 　{학번,과목번호} → 성적 부분 함수적 종속성: 　학번→학과	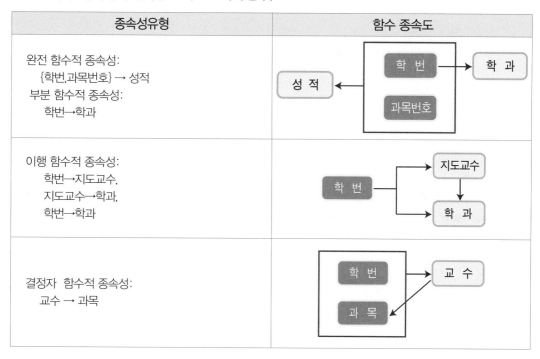
이행 함수적 종속성: 　학번→지도교수, 　지도교수→학과, 　학번→학과	
결정자 함수적 종속성: 　교수 → 과목	

데이터베이스 설계에서 정규화 설계 방법의 장점이 <u>아닌</u> 것은?

① 자료 검색 속도를 향상시킨다.
② 자료 저장에 필요한 공간을 최소화시킨다.
③ 갱신 및 삭제의 이상현상을 최소화시킨다.
④ 자료가 불일치할 위험을 최소화시킨다.

● 해설 : ①번

독립된 테이블이 수학적인 함수종속성에 의해 분해가 되어 증가하므로 조인에 의한 성능저하가 나타날 수 있음. 따라서 '자료 검색 속도를 향상 시킨다'가 틀린 문장임.

● 관련지식 ●●

항목	정규화	반정규화
목적	함수종속성에 근거 이상현상 제거	성능향상을 위해 엔터티, 속성, 관계 중복
방법	1차, 2차, 3차, BCNF, 4차, 5차	엔터티통합, 컬럼복사, 파생컬럼, 관계중복
장점	데이터중복성 제거로 저장공간 감소 및 불일치 위험 최소화 입력, 수정, 삭제 이상현상 제거 입력, 수정, 삭제 성능 좋음	트랜잭션에 특성에 따라 테이블이 통합, 컬럼중복이 되어 조회 성능이 향상됨 관리 오브젝트가 적음
단점	많은 테이블로 인한 조회 성능저하 관리의 오브젝트가 많아짐	저장공간의 증가 및 중복으로 인한 불일치 발생 입력, 수정, 삭제 이상현상 발생 입력, 수정, 삭제 성능 저하

다음 릴레이션 R(A,B,C,D,E)의 키가 될 수 <u>없는</u> 것은?

A → BC,   CD → E,   B → D,   E → A

① E   ② BC   ③ A   ④ B

● 해설 : ④번

일단 Key(PK)라고 하는 것은 모든 데이터를 함수종속성에 의해 찾아갈 수 있어야 함을 전제로 함. 이 문제를 푸는 방법은 어떤 값이 Key의 설질을 가지고 함수 종속성에 의해 전체 값을 찾아갈 수 있는지를 검증하면 되는 문제임.

• 문제를 쉽게 풀어가는 방법
 - A, B, C, D, E 를 모두 찾아갈 수 있도록 해석하면 됨
 - A → BC,   CD → E,   B → D,   E → A에서 복수의 속성이 있는 경우 BC와 CD이므로 다른 함수종속관계에서 첨가 규칙에 의해 BC와 CD를 만들 수 있는 경우를 찾아봄. B → D에 C를 첨가하면 됨
 - B → D에 첨가 규칙에 의해 C를 양쪽에 넣으면, BC → CD (← 이 부분이 문제를 풀어가는 핵심)
 - A가 Key가 되었을 때 : A → BC, BC → CD, CD → E 이므로 모두 찾아갈 수 있음 (O)
 - BC가 Key가 되었을 때 : BC → CD, CD → E, E → A 이므로 모두 찾아갈 수 있음 (O)
 - B가 Key가 되었을 때 : 현재 함수종속관계에서는 B → D이외에 더 이상 찾을 수 있는 값없음(X)
 - E가 Key가 되었을 때 : E → A, A → BC, BC → CD 이므로 모두 찾아갈 수 있음(O)

이 문제를 푸는 Key Point는 암스트롱의 추론 규칙을 이해하고 있는 상태에서 첨가규칙을 어디에 적용해야겠다 라고 생각된다면 경지에 올라와 있는 상태라 할 수 있음

● 관련지식 ●

• 암스트롱의 추론 규칙들 ('반첨이분결의'로 암기)
 반사규칙 : Y ⊆ X이면, X → Y이다.
 첨가규칙 : X → Y이면, XZ → YZ이다. (표기; XZ는 X∪Z를 이미)
 이행규칙 : X → Y이고 Y → Z이면, X → Z이다.
 분해규칙 : X → YZ이면, X → Y이고 X → Z이다.
 결합규칙 : X → Y이고 X → Z이면, X → YZ이다.
 의사이행 규칙 : X → Y이고 WY → Z이면, WX → Z이다.

릴레이션 R(A, B, C, D, E)의 인스턴스가 아래와 같다. 다음 중 함수 종속성이 성립하는 것은 무엇인가?

A	B	C	D	D
1	2	3	4	5
1	4	3	4	5
1	2	4	4	1

(가) AB → C (나) B → D (다) DE → A

① (가)만 성립
③ (가)와 (다)만 성립

② (나)만 성립
④ (나)와 (다)만 성립

● 해설 : ④번

F(x) = y 에서 중요한 Point는 x에 대응되는 y값은 반드시 한 개만 가능해야 하는 것임. 따라서 x값에 대해서 2개 이상의 값이 나오는 것은 함수 종속성이 성립하지 않는 것이라 할 수 있음.

이 문제는 다음과 같이 값을 대입하면서 풀어가면 됨. 시간이 많이 걸릴것으로 보이나, 연습을 하면 빠른 시간안에 값을 도출할 수 있음.

분류	X값	Y값	함수종속성 성립여부
AB → C	1,2	3	성립 안됨 1,2의 값이 3과 4 두개 나옴
	1,4	3	
	1,2	4	
B → D	2	4	성립됨 각각 4가 나옴
	4	4	
	2	4	
DE → A	4,5	1	성립됨 각각 1이 나옴
	4,5	1	
	4,1	1	

다음과 같은 XML DTD에 유효한 XML 문서들을 관계형 데이터베이스에 저장하고자 할 때, 최소한 제2정규형을 만족할 수 있는 최소 테이블의 개수는? (단, 프로젝트명, 프로젝트번호, 연구원번호 등은 유일하다)

```
〈!DOCTYPE 프로젝트리스트 [
   〈!ELEMENT 프로젝트리스트 (프로젝트+)〉
   〈!ELEMENT 프로젝트 (프로젝트명, 프로젝트번호, 부서코드?, 참여연구원)〉
   〈!ELEMENT 프로젝트명 (#PCDATA)〉
   〈!ELEMENT 프로젝트번호 (#PCDATA)〉
   〈!ELEMENT 부서코드 (#PCDATA)〉
   〈!ELEMENT 참여연구원 (연구원*)〉
   〈!ELEMENT 연구원 (연구원번호, 이름, 담당업무)〉
   〈!ELEMENT 연구원번호 (#PCDATA)〉
   〈!ELEMENT 이름 (#PCDATA)〉
   〈!ELEMENT 담당업무 (#PCDATA)〉
] 〉
```

① 1   ② 2   ③ 3   ④ 4

● 해설 : ②,③번

이 문제는 원래 테이블이 2개 도출될 수 있음을 가정하고 문제를 출제하였으나, 한명의 연구원은 많은 프로젝트에 투입될 수 있다는 의미가 있다는 이의 제기에 따라 3개도 될 수 있음을 인정한 답안임

테이블은 프로젝트 테이블과 연구원테이블 2개로 구분될 수 있음. 하나의 프로젝트에 대해서는 여러명의 연구원이 있는 데이터모습이므로 반복그룹(Repeating Group)을 분리한 1차 정규화를 수행하면 되는 테이블의 모습임. 단 이 데이터에는 연구원이 여러 개의 프로젝트에 참여한다는 어떤 가정이나 규칙이 보이지 않으므로 2개의 테이블로서도 충분한 정규화를 하였다고 할 수 있으나, 의미적으로는 연구원이 여러 개의 프로젝트에 참여할 수 있으므로 또한 이에 대한 어떤 제약적 규칙이 보이지 않으므로 관계 테이블이 생성되어 3개의 테이블이 생성될 수 있음을 인정하였음.

테이블 R(A, B, C, D, E, F, G)에 대한 분석 결과 아래와 같은 함수적 종속성(Functional Dependency)이 파악되었다.

A, B → C, F   A → G   B, C → E   C → D

다음 중 제3정규형의 테이블 구조가 <u>아닌 것은?</u>

① R(C, D)   ② R(A, B, C)
③ R(A, B, C, F)   ④ R(A, B, C, D, F)

● 해설 : ④번

이 문제는 지문 하나하나에 대해서 함수적 종속성에 따른 정규형을 따져 보면 되는 문제임.

구분	함수종속성	제3정규형 여부
① R(C, D)	C → D 의 릴레이션	제3정규형임
② R(A, B, C)	A, B → C, F의 분해규칙 적용 R(A, B, C), R(A, B, F)	제3정규형임
③ R(A, B, C, F)	A, B → C, F 의 릴레이션	제3정규형임
④ R(A, B, C, D, F)	A, B → C, F와 C → D의 혼합 A,B가 Key일 경우 이행함수 종속성 존재하므로 제2정규형임	제3정규형이 아님

음식을 담는 접시와 그 내용물에 관한 데이터베이스를 설계하려고 한다.
접시에는 접시 이름, 접시 크기, 접시 값을 저장하고 내용물은 내용물 이름과 내용물 비용을 나타낸다. 하나의 접시에는 하나 이상의 내용물을 담을 수 있고, 하나의 내용물은 반드시 하나 이상의 접시에 담아야 한다.
다음 중 맞는 것은? (2개 선택)

① 제3정규형 이상으로 관계형 데이터베이스를 구축할 경우 3개의 테이블이 생성된다.
② 계층형 데이터베이스로 구축할 경우에는 2개의 부모-자식 관계(Parent-child Relationship Type)가 필요하다.
③ 객체지향형 데이터베이스로 구축할 경우에는 2개의 클래스가 클래스 상속 계층 구조를 이룬다.
④ 시계열을 갖는 스타스키마(Star Schema)로 구현할 경우에는 두 개의 차원(Dimension)테이블과 하나의 사실(Fact)테이블을 생성한다.

● 해설 : ①, ②번

① 제3정규형 이상으로 관계형 데이터베이스를 구축할 경우 3개의 테이블이 생성된다.
→ '하나의 접시에는 하나 이상의 내용물을 담을 수 있고, 하나의 내용물은 반드시 하나 이상의 접시에 담아야 한다.'는 Many to Many의 관계이므로 관계엔터티가 생성이 되어 접시, 내용물 그리고 접시내용물(관계엔터티)가 생성되어 총 3개의 테이블이 생성됨
② 계층형 데이터베이스로 구축할 경우에는 2개의 부모-자식 관계(Parent-child Relationship Type)가 필요하다.
→ 계층형에서는 접시와 접시내용물, 내용물과 접시내용물 2개의 관계가 연결되어 표현됨
③ 객체지향형 데이터베이스로 구축할 경우에는 2개의 클래스가 클래스 상속 계층 구조를 이룬다.
→ 상속 구조는 아님
④ 시계열을 갖는 스타스키마(Star Schema)로 구현할 경우에는 두 개의 차원(Dimension)테이블과 하나의 사실(Fact)테이블을 생성한다.
→ 스타스키마 구조로 나타낼 수 있는 차원과 분석용 데이터 구조라기 보다는 일반적인 데이터모델관계로 나타낼 수 있는 데이터 구조임

다음과 같은 릴레이션 스키마 R(N, M, D, J, T, W)과 함수적 종속성
FD={N→MDJTW, D→J, T→W}가 주어져 있다. 이 때 무손실조인 분해(Lossless-Join
Decomposition)가 되도록 릴레이션 스키마를 분해한 것은?

① R1(N, M), R2(D, J), R2(T, W)
② R1(N, M, D, T), R2(D, J), R3(T, W)
③ R1(N, M, D), R2(D, J, W)
④ R1(N, M, D), R2(D, J, W)

● 해설 : ②번

이 문제를 풀 때는 함수종속성을 이해한 상태에서 릴레이션이 어떻게 연관이 되는지를 따져보
도록 함.

함수 종속성	함수종속성	테이블 분리
FD={N → MDJTW, D → J, T → W}	D → J, T → W이 있으므로 이행함수종속 분리	R1(N,M,D,T) N이 PK R2(D,J) J가 PK R3(T,W) T가 PK임
** 이 문제를 풀가갈 때 중요한 점 : 이행함수 종속성에 의해 분리된 릴레이션에 대해서는 PK만 비식별자 관계로 상속받게 됨.		

관계 데이터베이스의 함수적 종속성 및 정규화에 대한 아래의 설명 중 옳지 <u>않은</u> 것은?

① {X→Y, WY→Z}로부터 WX→Z를 추출할 수 있다.
② 제2정규형은 R의 기본키에 대해 기본키에 속하지 않은 모든 속성들이 완전 함수적으로 종속해야 한다.
③ 제1정규형을 위배한 경우, 각 다치속성이나 중첩 릴레이션을 위해 별도의 릴레이션을 만들어야 한다.
④ 다음 그림은 제3정규형 및 BCNF를 모두 만족한다(단, AB는 기본키이다)

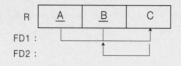

● **해설 :** ④번

① {X→Y, WY→Z}로부터 WX→Z를 추출할 수 있다. → 의사이행 규칙에 의해 추출할 수 있음

② 제 2정규형은 R의 기본키에 대해 기본키에 속하지 않은 모든 속성들이 완전 함수적으로 종속해야 한다. → 맞음. 완전 함수종속 하지 않고 부분함수 종속할 경우 제1정규형으로서 2차 정규화가 필요한 릴레이션임

③ 제 1정규형을 위배한 경우, 각 다치속성이나 중첩 릴레이션을 위해 별도의 릴레이션을 만들어야 한다. → 맞음. 주어진 PK에 의해 반복값을 가지는 속성(다치속성)을 위해서는 별도의 릴레이션을 만들 수도 있고, PK를 복수개로 조정하여 1차 정규화를 수행할 수도 있음.

④ 다음 그림은 제 3정규형 및 BCNF를 모두 만족한다(단, AB는 기본키이다)

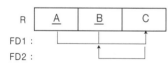

→ C가 자신이 결정자가 되어 다른 결정자를 함수 종속하고 있음. 결정자간 함수종속 관계는 보이스-코드 정규화가 필요한 제3정규형임. 따라서 BCNF를 만족한다는 설명이 틀렸음.

애트리뷰트 집합, A(={A1, A2, A3, A4 })로 구성된 릴레이션 R (A1, A2, A3, A4)에서 후보키 (candidate key)가 3개라면, 대체키(alternate key)의 개수는?

① 3개   ② 2개   ③ 1개   ④ 0개

● **해설 :** ②번

후보키가 세 개이면 그 중한 개는 PK이고 나머지가 대체키가 되므로 전체 후보키(3개) – PK(1개) = 2개가 됨.

● **관련지식** ●

키 (Key)	기본개념
후보키 (Candidate Key)	키의 특성인 유일성과 최소성을 만족하는 키를 지칭 사례 : 〈학번〉, 〈이름, 학과〉
슈퍼키 (Super Key)	유일성은 있으나 최소성이 없는 키를 지칭 특정 속성을 제거하면 투플을 유일하게 식별하지 못하는 것 사례 : 〈이름, 학과, 학년〉
기본키 (Primary Key)	여러 개의 후보키 중에서 하나를 선정하여 사용하는 것을 지칭 사례 : 〈학번〉, 〈이름, 학과〉 후보키 중에서 하나를 선정하는 것
대체키 (Alternate Key)	여러 개의 후보키 중에서 기본키로 선정되고 남은 나머지 키 지칭 기본키를 대체할 수 있는 키라는 의미 기본키를 〈학번〉으로 선정했다면, 〈이름, 학과〉 를 지칭
외래키 (Foreign Key)	어느 한 릴레이션 속성의 집합이 다른 릴레이션에서 기본키로 이용되는 키를 지칭

관계형 데이터베이스에서 애트리뷰트 A,B,C 를 갖고 기본키는 A인 릴레이션 R1(A,B,C)과 같은 구조를 갖는 릴레이션 R2(A,B,C)에 대해 합집합 연산, 즉, A UNION B를 수행하였다. 이 때 이 결과 릴레이션의 기본 키로 가장 적절한 것은?

① {A} 　　　　② {A, B} 　　　　③ {A, B, C} 　　　　④ {B, C}

● 해설 : 정답 없음(모두 정답처리 함)

일단 A UNION B가 무슨 말인지 이해가 안됨 → R1 U R2(R1 UNION R2)이게 맞을 듯
릴레이션에 포함된 값이 없기 때문에 어떤 기준으로 PK를 선정해야 하는지 판단이 되지 않음.

다음과 같은 테이블과 함수적 종속성이 존재할 때, 제3정규형에 만족하는 테이블 구조로 <u>가장 잘 분할된 것은?</u>

	S#	STATUS	CITY
S	S3	30	Paris
	S5	30	Athens

S# → STATUS, S# → CITY, CITY → STATUS

① S1(S#, STATUS), S2(STATUS, CITY)
② S1(S#, CITY), S2(STATUS, CITY)
③ S1(S#, STATUS), S2(S#, CITY)
④ S1(S#, CITY), S2(S#, CITY, STATUS)

● 해설 : ②번

함수종속성에 입각하여 분리하면 됨 → 3차 정규화 수행됨
CITY가 PK이고 STATUS가 일반속성인 별도의 테이블을 분리하고 이 테이블과 S테이블간
에 관계를 가진 것으로 정규화를 진행하면 됨.

● 관련지식 •••

– 다음과 같이 PK가 아닌 일반속성 중에서 함수적 종속성을 가지고 있는 경우 3차 정규화의
대상이 됨.

[지도 릴레이션]

학번	지도교수	학과
100	P1	컴퓨터
200	P2	전기
300	P3	컴퓨터
400	P1	컴퓨터

[지도 릴레이션 함수종속성]
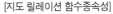
학번 → 지도교수
학번 → 학과
지도교수 → 학과

[지도 릴레이션 함수종속성 다이어그램]

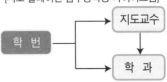

– 위의 테이블을 입력이상, 수정이상, 삭제이상이 발생이 되므로 3차 정규화를 수행하면 다음
과 같은 테이블과 함수종속도가 그려지게 됨.

[학생지도 릴레이션]

학번	지도교수
100	P1
200	P2
300	P3
400	P1

학번 → 지도교수

[학생지도 릴레이션 함수종속성 다이어그램]

[지도교수-학과 릴레이션]

지도교수	학과
P1	컴퓨터
P2	전기
P3	컴퓨터

지도교수 → 학과

[지도교수-학과 릴레이션 함수종속성 다이어그램]

릴레이션 R(A, B, C, D)에서 다음과 같은 함수적 종속성이 성립할 때, 이 릴레이션의 키는 무엇인가?

> (함수적 종속성) B → C,   (A, B) → D,   C → D

① B
② C
③ B, C
④ A, B

● 해설 : ④번

(A, B) → D에 B → C의 부분함수종속 규칙을 반정규화 반영하여 (A, B) → (C, D)가 되고, C → D에 대한 이행함수 종속을 고려하면 (A, B)가 정답이 됨.

즉, (A, B)의 PK가 되면 C, D를 모두 찾을 수 있음 → R(A, B, C, D)에 대한 대표 키가 될 수 있음.

 – B는 C와 D를 찾을 수 있으나 A를 찾을 수 없고

 – B, C는 C, D이외에 찾을 수 없음.

 – C는 D이외에 찾을 수 없음.

D04. 관계스키마, 뷰, 인덱스

시험출제 요약정리

1) 관계스키마

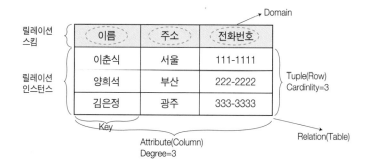

2) 뷰(View)
- 특정 테이블들로부터 조건에 맞는 내용들을 추출하여 생성한 가상 테이블 (물리적 미존재)
- 뷰 생성시에 정의한 뷰의 스키마 내용만이 저장되어 있다가 실행 시에 기본 테이블(base table)로부터 내용을 가져와 생성함.

기 능	상 세 설 명
단순화	두 개 이상의 테이블을 조인하여 테이블을 형성,검색,이용,갱신
다양한 관점	- 통합된 데이터들을 하나의 형식으로 저장 - 사용자에게 서로 다른 데이터이름 및 형식으로 데이터 제공
독립성	- 테이블의 구조가 변경되더라도 뷰의 구조는 변경될 필요 없음 - 데이터의 논리적 독립성 제공
데이터의 보안	- 데이터에 대한 접근을 제한

3) 식별자(Identifier)

분류	식별자	설명
대표성여부	주식별자	엔터티 내에서 각 어커런스를 구분할 수 있는 구분자이며, 타 엔터티와 참조 관계를 연결할 수 있는 식별자

분류	식별자	실명
대표성여부	보조식별자	엔터티 내에서 각 어커런스를 구분할 수 있는 구분자이나 대표성을 가지지 못해 참조관계 연결을 못함
스스로 생성 여부	내부식별자	엔터티 내부에서 스스로 만들어지는 식별자
	외부식별자	타 엔터티와의 관계를 통해 타 엔터티로부터 받아오는 식별자
속성의 수	단일식별자	하나의 속성으로 구성된 식별자
	복합식별자	둘 이상의 속성으로 구성된 식별자
대체 여부	본질식별자	업무에 의해 만들어지는 식별자
	인조식별자	업무적으로 만들어지지는 않지만 원조식별자가 복잡한 구성을 가지고 있기 때문에 인위적으로 만든 식별자

4) 인덱스 (Index)

- 인덱스를 생성시킨 열들과 테이블 행의 논리적 주소(rowid)로 구성되고 정렬되어 있음
- 하나의 테이블에 인덱스를 여러 개 지정할 수도 있고, 하나의 열이 여러 인덱스에 포함될 수 있음
- 데이터베이스 조작 과정에서 주기억장치에 먼저 읽어 들여져 저장됨
- 인덱스 설계 대상 : 컬럼의 분포도가 약 10~15% 이내일 때 조회 성능이 우수한 인덱스를 생성
- 분포도(%) = 데이터별 평균 로우수 / 테이블별 총 로우수 * 100

구 분		스키마 (Schema)
유일성	Unique index	지정된 열의 값이 고유함을 보장
	Non-unique index	데이터를 검색할 때 가장 빠른 결과를 보장
컬럼구성	Single column index	하나의 열만 인덱스에 존재
	Composite Index	여러 열을 결합하여 하나의 인덱스를 생성
트리	B-트리 인덱스	균형된 M-원 탐색 트리로 모든 인덱스 값이 실제 데이터를 가르키도록 구성되어 있으므로, 인덱스 탐색 시 중회순회 필요
	B+트리 인덱스	B+트리는 B-트리의 변형된 형태의 트리이며 두 부분으로 구성되어 있음 즉, Leaf가 아닌 노드로 된 Index Set 와 Leaf 노드로만 구성된 Sequence Set 로 구성됨

구 분		스키마 (Schema)
트리	B*트리 인덱스	Root 노드와 leaf 노드를 제외한 tree의 각 노드가 최소한 2/3이 key 값으로 채워지도록 제한한 다중 탐색 트리 B−트리의 변형으로 B−트리에서 Insert시 빈번한 Split현상을 줄이고자 고안
기타	Reverse Key Index	데이터 값이 역순으로 저장되는 인덱스
	Bitmap Index	데이터 값의 Bit 정보를 저장하는 인덱스 데이터웨어하우스 환경에서 변별력이 낮은 컬럼에 주로 사용
	Function Based Index	Index 대상 테이블의 하나 또는 하나 이상의 컬럼에 대해 함수를 적용한 결과값을 저장한 인덱스, 조회기준으로 빈번한 사용의 함수에 유용함

기출문제 풀이

관계 데이터베이스에 관련된 용어 중 **틀린 것은?**

① 카디널리티(cardinality)는 릴레이션에 포함되어 있는 애트리뷰트의 개수이다.
② 도메인(domain)은 애트리뷰트가 취할 수 있는 같은 타입의 모든 값들의 집합이다.
③ 릴레이션 인스턴스(instance)는 어느 한 시점에 릴레이션에 포함되어 있는 튜플(tuple)의 집합이다.
④ 릴레이션 스킴(scheme)은 릴레이션의 이름과 그 릴레이션의 애트리뷰트 집합으로 한 릴레이션의 논리적 구조를 정의한 것이다.

● 해설 : ①번

카디널리티(cardinality)는 릴레이션에 포함되어 있는 튜플의 수(로우)임.

● 관련지식 ●●●

- 테이블(릴레이션)의 중요한 용어는 다음과 같음.

다음 용어의 설명 중 **틀린 것은?**

① 개체 타입(entity type)은 개체 이름과 애트리뷰트들을 말한다.
② 관계 타입(relation type)은 개체 집합들 사이의 대응성, 즉 사상(mapping)을 말한다.
③ 식별 관계 타입(identifying relationship type)은 약한 개체를 강한 개체에 연관시켜 주는 관계를 말한다.
④ 약한 개체 타입(weak entity type)은 자기 자신의 구별자(discriminator)로 키를 명세할 수 있는 개체 타입을 말한다.

● 해설 : ④번

약한 개체 타입(weak entity type)은 자기 자신의 구별자(discriminator)로 키를 명세할 수 있는 개체 타입을 말한다. → 약한 개체 타입(weak entity type)은 부모의 PK를 이용하여 자신의 PK로 이용하는 것을 말하며 자신의 구별자(discriminator)로 키를 명세할 수 있는 개체타입은 강한 개체 타입(strong entity type) 임.

● 관련지식 ●

• 데이터모델에서 식별자 관계와 비식별자 관계

식별자/비식별자관계

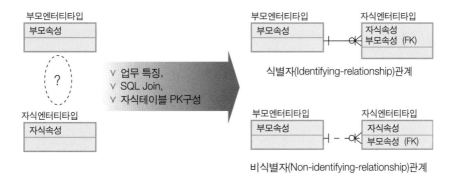

두 엔터티타입 사이의 관계의 유형은 업무, SQL, 자식테이블의 PK구성 전략에 의해 결정된다.

뷰(VIEW)에 대한 설명 중 **틀린 것은?**

① 뷰 테이블은 물리적으로 구현된 것은 아니다.
② 뷰 테이블에 열을 추가할 때에는 ALTER 문으로 변경할 수 있다.
③ 기본 테이블과 뷰 테이블로부터 새로운 뷰 테이블을 생성할 수 있다.
④ 뷰 테이블은 데이터의 접근을 제어하게 함으로써 보안을 제공한다.

● **해설 :** ②번

뷰는 수정을 할 때 다시 재 생성해야 함. 뷰를 조작할 때 Alter로 시작하는 명령어는 없음.

● **관련지식** ●●

• 뷰(View)의 특징
  – 기본 테이블로부터 유도된 테이블이기 때문에 기본 테이블과 같은 형태의 구조를 가짐
  – 가상 테이블이기 때문에 물리적으로 구현되어 있지 않음
  – 필요한 데이터만 뷰로 정의해서 처리할 수 있기 때문에 관리가 용이하고 명령문이 간단해짐
  – 뷰를 통해서만 데이터에 접근하게 하면 뷰에 나타나지 않는 데이터를 안전하게 보호하는 효율적인 기법으로 사용할 수 있음
  – 기본 테이블의 기본키를 포함한 속성(열) 집합으로 뷰를 구성해야만 삽입, 삭제, 갱신 연산이 가능함
  – 정의된 뷰는 다른 뷰의 정의에 기초가 될 수 있음
  – 하나의 뷰를 삭제하면 그 뷰를 기초로 정의된 다른 뷰도 자동으로 삭제됨
• 뷰의 장점
  – 논리적 데이터 독립성을 제공함
  – 동일 데이터에 대해 동시에 여러 사용자의 상이한 응용이나 요구를 지원해줌
  – 사용자의 데이터 관리를 간단하게 해줌
  – 접근제어를 통한 자동 보안이 제공됨
• 뷰의 단점
  – 독립적인 인덱스를 가질 수 없음
  – 뷰의 정의를 변경할 수 없음
  – 뷰로 구성된 내용에 대한 삽입, 삭제, 갱신 연산에 제약이 따름
• 뷰를 만드는 DDL
  – Create View EMP_MT AS Select emp_ID, Name
  – WHERE dept = '영업부' WITH CHECK OPTION

데이터베이스의 무결성을 지원하기 위한 규칙 범위에 속하지 <u>않는</u> 것은?

① 도메인 규칙(domain rule)
② 데이터타입 규칙(data type rule)
③ 릴레이션 규칙(relation rule)
④ 데이터베이스 규칙(database rule)

● 해설 : ②번

개체무결성, 참조무결성, 속성무결성, 사용자무결성 중에서
- 도메인 규칙은 속성무결성을 지원하는 규칙으로 이해되고
- 릴레이션 규칙은 참조무결성 또는 개체무결성을 지원하는 것으로 이해되고
- 데이터베이스 규칙은 사용자무결성을 지원하는 것으로 해석이 됨.

● 관련지식 ●●●

• 데이터베이스 무결성에 대한 제약 사항은 다으과 같이 설명이 될 수 있음.

무결성 제약	기 본 개 념
개체 무결성 제약 (Entity Integrity)	• 릴레이션의 기본키 속성은 절대 널 값(Null Value)을 가질 수 없음 • 기본키는 유일성을 보장해주는 최소한의 집합이어야 함
키 무결성 (Key Integrity)	• 한 릴레이션에 같은 키값을 가진 투플들이 허용 안 됨
참조 무결성 (Referential Integrity)	• 외래키 값은 그 외래키가 기본키로 사용된 Relation의 기본키 값이거나 널(Null) 값일 것(FK에 의해 연결됨) • 릴레이션의 외래키 속성은 참조할 수 없는 값을 가질 수 없음
속성 무결성 (Attribute Integrity)	• 컬럼은 지정된 데이터 형식(Format, Type)을 만족하는 값만 포함 • CHAR, VARCHAR2, NUMBER, DATE, LONG 등
사용자 정의 무결성	• 데이터베이스내에 저장된 모든 데이터는 업무 규칙 (Business Rule) 을 준수해야 함 • CHECK, DEFAULT 데이터베이스 트리거 등

다음 릴레이션 R1, R2를 보고 아래 질문에 대하여 답하라.
밑줄 친 속성은 키이며 R1.C는 R2의 외래키이다.
R1과 R2를 외부조인(outer join)하면 생성되는 튜플(tuple) 수가 몇 개가 되는가?

R1(A, B, C)

A	B	C
1	b	w
2	c	x
3	d	w
5	y	y

R2(C, D, E)

C	D	E
w	1	10
x	3	23
y	2	12
z	4	11

① 3개   ② 4개   ③ 5개   ④ 6개

● 해설 : ③번

    총튜플의 수 = R1과 R2의 조인된 수(4개) + 조인에 참여하지 않은 수(1개)
    R1의 4개의 튜플에 Null로 매핑이 되는 컬럼C의 값이 z인 경우에도 값이 출력 되므로 5개가 됨.
    아웃

● 관련지식 ●●●

• 외부조인(Outer Join)
  – 상대 릴레이션에서 대응되는 튜플을 갖지 못하는 튜플이나 조인 애트리뷰트에 널값이 들어
    있는 튜플들을 다루기 위해서 조인 연산을 확장한 조인
  – 두 릴레이션에서 대응되는 튜플들을 결합하면서, 대응되는 튜플을 갖지 않는 튜플과 조인
    애트리뷰트에 널값을 갖는 튜플도 결과에 포함시킴.
  – 왼쪽 외부 조인(left outer join), 오른쪽 외부 조인(right outer join), 완전 외부 조인(full
    outer join)이 있음.

관계 데이터베이스에서 뷰(view)를 사용하는 장점에 해당되지 <u>않는</u> 것은?

① 데이터 독립성(data independence)　　② 보안 강화
③ 성능 향상　　④ 복잡한 테이블의 단순 접근

● 해설 :　③번

데이터베이스에서 뷰를 사용할 때 사용향상과는 관계가 없음. 이용자에 따라 성능이 향상될 수도 있고 저하될 수도 있게 나타남.

● 관련지식 •

• 뷰의 장점

기능	상 세 설 명
단순화	– 두 개 이상의 테이블을 조인하여 테이블을 형성. 검색. 이용. 갱신
다양한 관점	– 통합된 데이터들을 하나의 형식으로 저장 – 사용자에게 서로 다른 데이터이름 및 형식으로 데이터 제공
독립성	– 테이블의 구조가 변경되더라도 뷰의 구조는 변경될 필요 없음. – 데이터의 논리적 독립성 제공
데이터의 보안	– 데이터에 대한 접근을 제한

다음의 뷰(View)에 대한 설명 중 틀린 것은?

① 뷰의 열이 상수나 산술연산자 또는 함수가 사용된 산술식으로 만들어지면 변경 연산이 허용되지 않는다.
② 집계 함수(COUNT, SUM, AVG, MAX, MIN)가 관련되어 정의된 뷰는 변경 연산이 허용되지 않는다.
③ 뷰는 하나의 테이블로 여러 개의 상이한 뷰를 정의하여 사용할 수 있다.
④ 두개 이상의 테이블이 관련되어 정의된 뷰는 변경 연산이 허용된다.

● 해설 : ④번

두개 이상의 테이블이 관련되어 정의된 뷰는 변경 연산이 허용된다. → 허용되지 않음
뷰에 대해서 변경연산(C, U, D)가 허용되지 않는 경우
- 뷰의 열이 상수나 산술연산자 또는 함수가 사용된 산술식으로 만들어지는 경우
- 집계 함수(COUNT, SUM, AVG, MAX, MIN)가 관련되어 정의된 뷰
- 두개 이상의 테이블이 관련되어 정의된 뷰

다음 릴레이션 스키마를 보고 후보키(Candidate Key)를 찾아내고자 한다. 후보키는 총 몇 가지가 가능한가?

(스키마)
STUDENT(학과, 이름, 이메일)

학과	이름	이메일
컴퓨터	홍길동	sea@nca.ac.kr
인터넷	김영희	kim@nca.ac.kr
인터넷	김철수	blue@nca.ac.kr
컴퓨터	김영희	hee@nca.ac.kr

① 1   ② 2   ③ 3   ④ 4

● 해설 : ②번

후보키는 학과+이름, 이메일 이렇게 2개 임.
나올 수 있는 모든 경우의 수는 7가지 경우의 수임. 나올 수 있는 경우에 수에 대해서 유일성과
최소성을 검증하면 됨.

경우의 수	유일성	최소성	유일성 + 최소성
학과	X	O	X
이름	X	O	X
이메일	O	O	O
학과 + 이름	O	O	O
학과 + 이메일	O	X	X
이름 +이메일	O	X	X
학과 + 이름 + 이메일	O	X	X

● 관련지식 ●●

• PK의 중요한 2가지 특징

특성	기본개념
유일성 (Uniqueness)	• 속성의 집합인 키의 내용이 릴레이션 내에서 유일하다는 특성 • 릴레이션 내에서는 중복되는 투플이 존재하지 않는 것
최소성 (Minimality)	• 속성들로 구성된 것을 의미 • 속성들 집합에서 특정 속성 하나를 제거하면 투플을 유일하게 식별할 수 없는 경우

다음 릴레이션을 보고 아래 질문에 대하여 답하시오.
밑줄친 속성(Attribute)은 기본키(Primary Key)이며, R1.C는 R2.C의 외래키(Foreign Key)이다.
R1과 R2를 자연조인(Natural Join)하면 생성되는 결과의 속성 수와 튜플(Tuple) 수를 바르게 나열한 것은?

(릴레이션) R1(A, B, C)

A	B	C
1	b	w
2	c	x
3	d	w
5	y	y

R2(C, D, E)

C	D	E
w	1	10
x	3	22
y	2	10
z	4	13

① 5개, 5개　　② 5개, 4개　　③ 6개, 5개　　④ 6개, 4개

● 해설 : ②번

자연조인 속성의 수 : 조인한 속성은 한번만 Count함 3+3-1 = 54개
자연조인 튜플의 수 : 조인된 튜플의 수 R1의 w,x,w,y가 모두 조인에 참여하여 4개

● 관련지식 ●●●

• '사원 릴레이션과 부서 릴레이션을 자연 조인 구하라'라는 조건에 대한 자연조인 결과는 다음과 같음

사원

EMPNO	EMPNAME	DNO
2106	최석원	2
3426	양회석	1
3011	김은정	3
1003	이춘식	2
3427	장윤희	3

부서

DEPTNO	DETNAME
1	영업
2	기획
3	개발
4	총무

사원　*DNO, DEPTNO　부서

RESULT

EMPNO	EMPNAME	DNO	DEPTNAME
2106	최석원	2	기획
3426	양회석	1	영업
3011	김은정	3	개발
1003	이춘식	2	기획
3427	장윤희	3	개발

테이블에서 키를 선언하는 방법으로 PRIMARY KEY와 UNIQUE를 사용하는 방법이 있다. 이 두 가지의 차이점으로 맞는 것은?

① 테이블에서 PRIMARY KEY는 하나지만 UNIQUE는 여러 개일 수 있다.
② 테이블에서 PRIMARY KEY와 UNIQUE는 여러 개일 수 있다.
③ PRIMARY KEY는 NULL을 허용하지만 UNIQUE는 NULL을 허용하지 않는다.
④ PRIMARY KEY와 UNIQUE는 NULL을 허용하지 않는다.

● 해설 : ①번

테이블에서 PRIMARY KEY는 하나지만 UNIQUE는 여러 개일 수 있음.

● 관련지식 ●

• Primary Key vs Unique Index

분류	Primary Key	Unique Index
유일성	지원함	지원함
테이블당 개수	1개	1개 이상 가능
Null허용 여부	허용안함	허용함
RI참여 여부	참여함	참여하지 않음

2006년 64번

다음의 인덱스 유형 중 각 레코드의 키 값에 대해서 적어도 하나의 인덱스에 엔트리(Entry)를 유지하는 인덱스는 무엇인가?

① 밀집 인덱스(Dense Index)　　　　② 집중 인덱스(Clustering Index)
③ 보조 인덱스(Secondary Index)　　④ 역 인덱스(Inverted Index)

● 해설 : ①번

　데이터 레코드 하나에 대해 적어도 하나의 인덱스 엔트리를 구성해놓은 인덱스는 밀집 인덱스임.

● 관련지식 ●●●

- 인덱스 (index)의 분류
  - 기본 인덱스 (primary index) : 기본키를 포함한 필드들에 대한 인덱스
  - 보조 인덱스(secondary index) : 기본 인덱스 이외의 인덱스
  - 집중 인덱스 (clustered index) : 데이터 레코드의 순서가 인덱스의 엔트리 순서와 동일하거나 유사하도록 유지하는 인덱스
  - 비집중 인덱스(unclustered index) : 집중 형태가 아닌 인덱스
  - 밀집인덱스 (dense index) : 데이터 레코드 하나에 대해 적어도 하나의 인덱스 엔트리를 구성해놓은 인덱스
  - 희소 인덱스 (sparse index) : 레코드 그룹 또는 데이터 블록별로 하나 씩 인덱스를 만들어 두는 인덱스

아래의 두 릴레이션 스키마를 보고 질문에 답하시오. EMPLOYEE 테이블의 부서번호 열(Column)의 값으로 사용될 수 있는 것은?

> 밑줄 친 속성은 기본키(Primary Key)이며, EMPLOYEE의 부서번호는 TEAM의 부서번호를 참조하는 외래키(Foreign Key)를 의미함.
>
> EMPLOYEE(직원번호, 이름, 부서번호)
> TEAM(부서번호, 부서명, 부서장)

① TEAM 테이블의 부서명 열에 존재하는 값
② TEAM 테이블의 부서번호 열에 존재하지 않는 값
③ EMPLOYEE 테이블의 직원번호 열에 존재하는 값
④ 널값(null value)

● 해설 : ④번

EMPLOYEE의 부서번호에는 TEAM이 가지고 있는 부서번호 값만 포함될 수 있어야 하거나 아니면 Null값만 가질 수 있음(관계에 유형에 따라 다르지만) 따라서 부서번호가 아닌 ①, ②, ③의 지문은 모두 틀렸으며 null이 나오는 ④만 정답이 됨.

인덱스에 관한 설명 중 맞는 것은?

① 기본 인덱스(Primary Index)에 중복된 키값들이 나타날 수 있다.
② 기본 인덱스에 널값(Null Value)들이 나타날 수 없다.
③ 보조 인덱스(Secondary Index)에는 고유한 키값들만 나타날 수 있다.
④ 자주 변경되는 애트리뷰트는 인덱스를 정의할 좋은 후보이다.

● 해설 : ②번

① 기본 인덱스(Primary Index)에 중복된 키값들이 나타날 수 있다. → 중복된 키 값 허용 안됨.
② 기본 인덱스에 널값(Null Value)들이 나타날 수 없다. → 맞음.
③ 보조 인덱스(Secondary Index)에는 고유한 키값들만 나타날 수 있다. → 보조 인덱스는 중복된 값도 나타낼 수 있음.
④ 자주 변경되는 애트리뷰트는 인덱스를 정의할 좋은 후보이다. → 좋지 않음.

● 관련지식 ●●●

- 주식별자 : 엔터티 내에서 각 어커런스를 구분할 수 있는 구분자이며, 타 엔터티와 참조관계를 연결할 수 있는 식별자
- 보조식별자 : 엔터티 내에서 각 어커런스를 구분할 수 있는 구분자이나 대표성을 가지지 못해 참조관계 연결을 못함
- 내부식별자 : 엔터티 내부에서 스스로 만들어지는 식별자
- 외부식별자 : 타 엔터티와의 관계를 통해 타 엔터티로부터 받아오는 식별자
- 단일식별자 : 하나의 속성으로 구성된 식별자
- 복합식별자 : 둘 이상의 속성으로 구성된 식별자
- 원조식별자 : 업무에 의해 만들어지는 식별자
- 대리식별자 : 업무적으로 만들어지지는 않지만 원조식별자가 복잡한 구성을 가지고 있기 때문에 인위적으로 만든 식별자

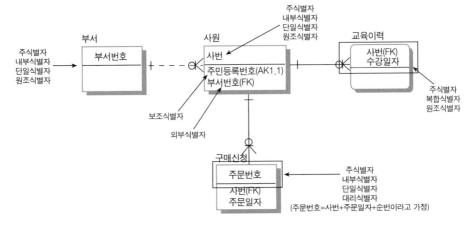

뷰 실체화(View Materialization)에 대한 설명으로 **틀린** 것은?

① 뷰에 대한 질의 처리 시간이 빠르다.
② 기본 테이블이 갱신되었을 때 변경된 내용이 뷰에 반영되어야 한다.
③ 뷰를 미리 계산하여 물리적으로 저장한다.
④ 뷰에 대한 질의를 기본 테이블에 대한 질의로 수정한다.

● 해설 : ④번

일반 View는 논리적인 테이블이고, MView는 물리적으로 존재하는 테이블임. 물리적으로 존재한다는 것은 Data가 일정 공간을 차지하고 있다는 것임. 따라서 테이블의 성격과 비슷함. 따라서 질의를 수행해도 기본 테이블에 대한 질의를 수행하는 것이 아닌 자체적인 질의를 수행하게 됨.

● 관련지식 ●●●

1) Materialized View의 특징
 - MView를 만들어두면 QUERY의 수행속도를 증가 시킬 수 있음.
 - SQL 응용프로그램에서 MView 사용시 DBA는 프로그램에 영향을 끼치지 않고 생성 및 제거가능
 - MView는 실행의 결과 행과 뷰 정의 모두 저장이 되고, 실행 결과 행으로 만들어진 테이블은 일정 공간을 차지함
 - MView관련 기초 테이블을 변경하면, MView로 생성된 Summary 테이블도 변경됨.

2) MATERIALIZED VIEW 생성

```
CREATE MATERIALIZED VIEW dept_sal
    BUILD IMMEDIATE — BUILD IMMEDIATE, BUILD DEFERRED 선택.
    REFRESH
    COMPLETE      — FORCE, COMPLETE, FAST, NEVER 선택.
    ON DEMAND      — ON DEMAND, ON COMMIT 선택.
    ENABLE QUERY REWRITE
    AS
    SELECT SUM(a.sal), a.deptno
    FROM emp a, dept b
    WHERE a.deptno = b.deptno
    GROUP BY a.deptno;
```

다음 에서 릴레이션 DBMS , 애트리뷰트, 인덱스, 데이터베이스 사용자 등에 관한 정보가 저장되는 곳은?

① 트랜잭션
② 데이터 사전
③ ER 다이어그램
④ 응용 프로그램

● 해설 : ②번

DBMS에 저장되는 메타데이터 저장소를 데이터사전 또는 카탈로그라 함.

● 관련지식 •••

1) 데이터사전(카탈로그)에 정의
 – 자료에 관한 정보를 모아 두는 저장소. 자료 사전
 – 자료의 이름, 표현 방식, 자료의 의미와 사용 방식, 그리고 다른 자료와의 관계
 – 데이터베이스 메타데이터를 저장하는 레파지토리임.

2) 데이터사전(카탈로그)에 저장되는 정보

구성요소	내용	특징
스키마 구조	– 스키마의 테이블명, 인덱스명, 컬럼명, 뷰, 참조 관계에 대해 내용	– 기본적인 데이터사전의 기능
감사/추적	– 데이터베이스에서 작업을 수행한 이력, 트랜잭션정보, 세션정보 등	– 진단 및 최적화 활용
사용자 권한	– 데이터베이스 오브젝트에 대해 접근하기 위한 접근, 입력, 수정, 삭제 등에 대한 권한 정보	– 데이터베이스 역할 기반접근방법인 RBAC이 저장
질의 최적화기	– Optimizer가 최적화된 경로를 찾기 위해 통계정보를 생성하여 저장	– SQL문장이 실행될 때 Execution Plan 설정시 참조
컴파일러	– 고수준의 질의와 데이터 조작어 명령들을 저수준의 파일 접근 명령	– 스키마 접근을 위한 준비단계 정보

아래의 릴레이션 T, S, R이 각각 다음과 같이 선언되었다.
현재의 릴레이션 T, S, R의 상태는 다음과 같다.

```
CREATE TABLE T
(C INTEGER PRIMARY KEY,
D INTEGER);

CREATE TABLE S
(B INTEGER PRIMARY KEY,
C INTEGER REFERENCES T(C) ON DELETE CASCADE);

CREATE TABLE R
(A INTEGER PRIMARY KEY,
B INTEGER REFERENCES S(B) ON DELETE SET NULL);
```

T :

C	D
1	1
2	1

S :

B	C
1	1
2	1

R :

A	B
1	1
2	1

DELETE FROM T;
를 수행한 후에 릴레이션 R에는 어떤 투플들만 들어 있겠는가?

① (1, NULL)과 (2, 2)
② (1, NULL)과 (2, NULL)
③ (2, 2)
④ 아무 투플도 안 들어 있음

● 해설 : ②번

　　T와 S의 DELETE RI 규칙은 T가 삭제가 되면 S의 데이터가 같이 삭제가 됨(Cascade)
　　S와 R의 DELETE RI 규칙은 S가 삭제가 되면 R의 FK 데이터는 NULL이 됨.
　　따라서, R의 B컬럼의 데이터는 모두 Null이 됨.

● 관련지식 ●●

• 삭제 참조무결성을 유지하기 위해 6가지 기능이 존재할 수 있음.
　① 제한(RESTRICT) – 자신 테이블의 레코드를 삭제하려 하면 자신을 참조하고 있는 테이블

의 레코드가 없어야 한다. 있으면 삭제 안됨.

② 연쇄(Cascade) – 자신 테이블의 레코드를 삭제하려 하면 참조되는 모든 테이블의 레코드를 삭제하고 자신을 삭제함.

③ 기본(DEFAULT) – 자신 테이블의 레코드를 삭제할 때 참조되는 모든 테이블의 레코드들을 기본값으로 바꾼 후 자신의 레코드를 삭제함.(비식별자관계(NON-IDENTIFYING RELATIONSHIP)에서 적용됨)

④ 지정(CUSTOMIZED) – 사용자가 정의 해 놓은 일정한 조건을 만족한 이후에 자신의 레코드를 삭제함

⑤ NULL – 자신 테이블의 레코드를 삭제할 때 참조되는 모든 테이블의 레코드들을 NULL로 바꾼 후 자신의 레코드를 삭제한다.(비식별자관계(NON-IDENTIFYING RELATIONSHIP)에서 적용됨)

⑥ 미 지정 – 자신 테이블의 레코드를 삭제해도 특별한 참조무결성 규칙을 적용하지 않는 경우이다. 조건 없이 삭제가 가능함

B+—트리 인덱스와 비트맵 인덱스를 비교한 아래의 설명 중 틀린 것은?(2개 선택)

① 일반적으로 B+—트리 인덱스가 비트맵 인덱스보다 작다.
② 소량의 데이터를 읽을 때는 비트맵 인덱스가 유리하고, 대량의 데이터를 읽을 때는 B+—트리 인덱스가 유리하다.
③ B+—트리 인덱스는 OLTP에 적합하고, 비트맵 인덱스는 의사결정시스템에 적합하다.
④ 비트맵 인덱스는 OR 연산 처리시 B+—트리 인덱스보다 더 유리하다.

● 해설 : ① 번, ②번

– 인덱스 저장공간은 비트맵인덱스가 Bit값으로 입력되어 훨씬 적은 공간을 차지 함.
– 상대적으로 대량의 데이터를 읽어 처리할 때는 비트맵 트리 인덱스가 빠른 성능을 보임.

● 관련지식 •••

구분	B-tree	Bitmap
구조 특징	Root Block, Branched Block, Leaf Block으로 구성되어 Branched Block의 균형을 유치하는 트리구조	전체 로우의 인덱스 컬럼 값을 0과 1을 이용하여 저장함
사용 환경	OLTP	DW, Data Mart 등
검색 속도	소량의 데이터를 검색하는데 유리함	대량의 데이터를 읽을 때 유리함
분포도	데이터 분포도가 높은 컬럼에 적합	데이터 분포도가 낮은 컬럼에 적합
장점	입력, 수정, 삭제가 용이함	비트 연산으로 OR연산, NULL 값 비교 등이 가능함
단점	스캔 범위가 넓을 때 랜덤 I/O 발생	전체 인덱스 조정의 부하로 입력, 수정, 삭제가 어려움

다음 중 데이터베이스 인덱싱(indexing)에 대한 설명으로 적당하지 <u>않은</u> 것은?

① 파일에 대한 접근이 주로 순차적 일괄방식일 때는 인덱싱이 거의 불필요하다.
② 인덱스는 삽입, 삭제, 갱신 연산의 속도를 향상 시킨다.
③ B+트리는 균형 잡힌 m진트리라고 할 수 있다. (m >= 2)
④ 대량의 데이터를 삽입할 때는 모든 인덱스를 제거하고, 데이터 삽입이 끝난 후에 인덱스를 다시 생성하는 것이 좋다.

● 해설 : ②번

① 파일에 대한 접근이 주로 순차적 일괄방식일 때는 인덱싱이 거의 불필요하다.
→ 파일 자체가 이미 정렬이 되어 있는 구조이므로 이 부분에 대해서는 인덱스가 없어도 속도 저하가 나타나지 않을 수 있음
② 인덱스는 삽입, 삭제, 갱신 연산의 속도를 향상 시킨다.
→ 일반적으로 인덱스는 조회의 성능을 향상 시키는 데 입력, 수정, 삭제의 성능은 더 저하 시키는 요인으로 이해 하면 됨. 물론, 특수한 상황에서는 인덱스를 이용하여 입력, 수정, 삭제의 경우가 필요한 경우가 있음
③ B+트리는 균형 잡힌 m진트리라고 할 수 있다. (m >= 2)
→ B+트리는 균형 잡힌 m진트리라고 할 수 있음
④ 대량의 데이터를 삽입할 때는 모든 인덱스를 제거하고, 데이터 삽입이 끝난 후에 인덱스를 다시 생성하는 것이 좋다.
→ 인덱스가 걸려 있을 경우 데이터 로드의 속도가 저하되어 문제가 되는 경우가 많음. 인덱스를 제거하고 데이터를 로드한 이후에 다시 인덱스를 생성하면 인덱스가 있는 상태에서 직접 입력하는 것보다 성능을 향상 시킬 수 있음.

어느 웹사이트에서 회원 가입시 반드시 입력받는 로그인 아이디(mem-id)는 중복이 허용되지 않는 다고 한다. mem-id 컬럼을 정의할 때 데이터 무결성 측면에서 필요한 제약조건으로 가장 올바른 것은?

① UNIQUE
② NOT NULL
③ UNIQUE와 NOT NULL
④ UNIQUE와 IS NULL

● 해설 : ③번

중복을 허용하지 않기 위해서는 Unique의 특성을 갖는 제약조건이 필요하고, 반드시 입력받는 조건이므로 Not null의 제약조건이 필요함. 보통 DBMS에서 PK를 생성하는 경우, Unique + Not null의 특징을 모두 가지고 있음.

표준 SQL(SQL : 1999)에서 테이블 생성시 참조관계를 정희하기 위해 외래키(Foreign key)를 선언한다. 참조무결성을 위해 외래키를 선언할 때 SQL의 DELETE 명령문이나 UPDATE명령문에 대해 명시할 수 있는 참조동작(Referential Action)으로 잘못된 것은?

① SET DEFAULT
② CASCADE
③ SET NULL
④ DEFERRED ACTION

● 해설 : ④번

DEFERRED ACTION이라는 동작은 없음.

● 관련지식 •••

• 삭제 참조무결성을 유지하기 위해 6가지 기능이 존재할 수 있음.
  ① 제한(RESTRICT) – 자신 테이블의 레코드를 삭제하려 하면 자신을 참조하고 있는 테이블의 레코드가 없어야 한다. 있으면 삭제 안됨.
  ② 연쇄(Cascade) – 자신 테이블의 레코드를 삭제하려 하면 참조되는 모든 테이블의 레코드를 삭제하고 자신을 삭제함.
  ③ 기본(DEFAULT) – 자신 테이블의 레코드를 삭제할 때 참조되는 모든 테이블의 레코드들을 기본값으로 바꾼 후 자신의 레코드를 삭제함.(비식별자관계(NON–IDENTIFYING RELATIONSHIP) 에서 적용됨)
  ④ 지정(CUSTOMIZED) – 사용자가 정의 해 놓은 일정한 조건을 만족한 이후에 자신의 레코드를 삭제함
  ⑤ NULL – 자신 테이블의 레코드를 삭제할 때 참조되는 모든 테이블의 레코드들을 NULL로 바꾼 후 자신의 레코드를 삭제한다.(비식별자관계(NON–IDENTIFYING RELATIONSHIP) 에서 적용됨)
  ⑥ 미 지정 – 자신 테이블의 레코드를 삭제해도 특별한 참조무결성 규칙을 적용하지 않는 경우이다. 조건 없이 삭제가 가능함.
  ⑦ SQL : 1999 분류 방법에서는 다음과 같이 5가지로 구분함.
  Restrict, Cascade, Set Default, Set Null, No Action

무결성 제약조건(Integrity Constraints)에 대한 설명이다. 적합하지 <u>않은</u> 것은?

① 부정확한 정보가 데이터베이스에 입력되는 것을 방지하기 위한 조건이다.
② 데이터베이스 스키마를 정의할 때 무결성 제약조건을 기술할 수 있다.
③ 데이터베이스를 수정할 때마다 무결성 제약조건을 위반하는지를 검사하고 위반 데이터 변경은 허용하지 않는다.
④ 데이터베이스 스키마 변경에 대한 조건으로 조건에 맞지 않으면 허용하지 않는다.

● 해설 : ④번

무결성 제약조건은 스키마 구조와 상관없이 데이터 값에 대한 조작(입력, 수정, 삭제)시 테이블 간의 관계를 통해 체크하는 제약조건임. 따라서 '④ 데이터베이스 스키마 변경에 대한 조건으로 조건에 맞지 않으면 허용하지 않는다.'은 틀린 문장임.

● 관련지식 ●●

　– 데이터베이스에서는 데이터의 모든 무결성에 대해 책임지지 않으며 다만 관계에 의해 파생 된 각각의 데이터들의 정합성을 유지하기 위해 참조무결성을 지정하도록 해야 함. 기타 업 무적으로 복잡한 관계에 의해 데이터 상호간의 유지해야 할 정합성은 응용 어플리케이션 내 에서 로직으로 처리하도록 함.
● 무결성 제약조건의 종류

무결성의 종류

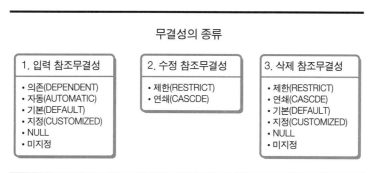

1. 입력 참조무결성	2. 수정 참조무결성	3. 삭제 참조무결성
• 의존(DEPENDENT) • 자동(AUTOMATIC) • 기본(DEFAULT) • 지정(CUSTOMIZED) • NULL • 미지정	• 제한(RESTRICT) • 연쇄(CASCDE)	• 제한(RESTRICT) • 연쇄(CASCDE) • 기본(DEFAULT) • 지정(CUSTOMIZED) • NULL • 미지정

TEACHER 테이블에 55개의 튜플이 있으며, "T-AGE"열의 값은 정수값으로 되어 있다. T-AGE 값이 20인 튜플이 10개, 25인 튜플이 30개, 30인 튜플이 15개일 경우 다음 두 SQL문의 실행 결과 값으로 적절한 것은?

```
SELECT COUNT(DISTINCT T-AGE)
FROM TEACHER;

SELECT COUNT(T-AGE)
FROM TEACHER
WHERE T-AGE > 25;
```

① 55, 40
② 55, 15
③ 3, 1
④ 3, 15

● 해설 : ④번

- 첫번재 SQL : SELECT절의 COUNT(DISTINCT T-AGE)는 값의 종류를 구하는 수이므로 20인값, 25인값, 30인값 이렇게 하여 세개가 맞음
- 두번째 SQL : 25보다 큰 튜플의 수를 구하는 문제 SELECT COUNT(T-AGE) 이므로 30인 튜플이 15개 이므로 15가 정답이 됨.

다음 릴레이션 R과 S에 대하여 외부 조인(outer join)을 수행한 결과 릴레이션의 차수(degree)와 카디널리티(cardinality)는?

R

A	B	C
a1	b1	c1
a2	b1	c1
a3	b1	c2
a4	b2	c3

S

B	C	D
b1	c1	d1
b1	c1	d2
b2	c3	d3
b3	c3	d3

① 3, 7
② 4, 7
③ 3, 6
④ 4, 6

● 해설 : ②번, ④번

– 차수는 A,B,C,D 이렇게 4개가 도출됨.
– Full outer join으로 할 경우 아래와 같이 카디널리티는 다음과 같은 경우의 수로 총 7개가 추출됨.

A	B	C	D
A1	B1	C1	D1
A1	B1	C1	D2
A2	B1	C1	D1
A2	B1	C1	D2
A3	B1	C2	
A4	B2	C3	D3
	B3	C3	D3

– Left outer join으로 할 경우 아래와 같이 카디널리티는 다음과 같은 경우의 수로 총 6개가 추출됨.

A	B	C	D
A1	B1	C1	D1
A1	B1	C1	D2
A2	B1	C1	D1
A2	B1	C1	D2
A3	B1	C2	
A4	B2	C3	D3

시험출제 요약정리

1) SQL 표준 개요

- SQL1(1987) : DB 응용에 필요한 기본 기능들인 데이터 정의어/조작어, 그리고 기본적인 무결성 제약 조건들을 포함한 표준
- SQL2(1992) : 미연방 표준인 FIPS(Federal Information Processing Standards) 표준안 등을 차례로 반영하고, 상이한 시스템들 간의 상호 운용성 등을 포함하는 표준
- SQL3(1999) : 객체지향 기술에 대한 지원, 다중상속, 사용자 정의 데이터형, 트리거, 지식정보시스템 지원용 추상 데이터 지원 등
- SQL4 XML 데이터를 처리하기 위한 SQL4 or SQL/XML (ISO/IEC 9075-14:2006 에서 정의됨)

1) SQL 표준 변천사 (출처 : Wikipedia)

Year	Name	Alias	Comments
1986	SQL-86	SQL-87	First formalized by ANSI.
1989	SQL-89	FIPS 127-1	Minor revision, adopted as FIPS 127-1.
1992	SQL-92	SQL2, FIPS 127-2	Major revision (ISO 9075), Entry Level SQL-92 adopted as FIPS 127-2.
1999	SQL:1999	SQL3	Added regular expression matching, recursive queries, triggers, support for procedural and control of flow statements, non-scalar types, and some object-oriented features.

Year	Name	Alias	Comments
2003	SQL:2003		Introduced XML-related features, window functions, standardized sequences, and columns with auto-generated values (including identity-columns).
2006	SQL:2006		ISO/IEC 9075-14:2006 defines ways in which SQL can be used in conjunction with XML. It defines ways of importing and storing XML data in an SQL database, manipulating it within the database and publishing both XML and conventional SQL-data in XML form. In addition, it enables applications to integrate into their SQL code the use of XQuery, the XML Query Language published by the World Wide Web Consortium (W3C), to concurrently access ordinary SQL-data and XML documents.
2008	SQL:2008		Legalizes ORDER BY outside cursor definitions. Adds INSTEAD OF triggers. Adds the TRUNCATE statement.[22]

기출문제 풀이

2004년 56번

어떤 릴레이션의 스키마가 다음과 같다.

> 직원(직원번호, 이름 . 직급, 나이)

현재 3명 이상인 직급에 대하여 각 직급별 최고령 나이를 구하려고 한다면 다음 괄호 안에 들어가야 할 내용은?

> SELECT 직급, MAX (나이)   FROM 직원 (   )

① GROUP BY 직급 HAVING COUNT(*) 〉 2
② WHERE COUNT(*) 〉 2 GROUP BY 직급
③ WHERE COUNT(*) 〉 2 HAVING 직급
④ GROUP BY COUNT(*) 〉 2 HAVING 직급

● 해설 : ①번

SELECT → FROM → WHERE → WHERE → GROUP BY → HAVING 순으로 문장이 구성됨.
조건에 3명 이상인 직급에 대해서 각 직급별 최고령 나이를 구하고자 한다면 GROUP BY 와 HAVING이 같이 사용되어야 함. WHERE에는 특별한 조건이 없기 때문에 제외함.

● 관련지식 ••

• GROUP BY절 사용에 대한 예

```
SELECT job_id, count(employee_id) ← 조회되는 컬럼 및 분석함수
FROM employees ← 해당 테이블
WHERE EXTRACT(YEAR FROM hire_date) = 2010 ← 조건이 있을 경우
GROUP BY job_id ← 그룹 기준
HAVING COUNT(employee_id) 〉= 3 ← 그룹된 값에 대한 조건
ORDER BY job_id ASC;  ← 정렬
```

조인할 두 릴레이션 A와 B가 지리적으로 떨어진 사이트에 있을 때, B 릴레이션 모두를 A 사이트로 보내는 것보다는 A와 조인될 가능성이 있는 B의 튜플만을 골라 보내는 편이 전송량 면에서 좋을 경우가 많다. 이때 사용하는 연산으로 가장 적합한 것은?

① 세미조인(semi-join)　　② 외부조인(outer-join)
③ 외부 합집합(outer-union)　　④ 2PC(2-Phase Commit)

● 해설 : ①번

분산질의를 효율적으로 수행하기 위한 조인은 세미조임.

● 관련지식 ●

• 세미조인은 원래 분산질의를 효율적으로 수행하기 위하여 도입된 개념
  – 두 릴레이션간의 조인시, 한 릴레이션을 다른 사이트에 전송하기 전에 먼저 조인 속성만을 추출하는 프로젝션을 실시하여 전송한 후 조인에 성공한 rowid에 해당되는 튜플만을 다시 전송하여 네트워크를 통해 전송되는 데이터의 양을 줄이고자 하는 개념으로 도입된 것임.

예. SELECT mgr.name, emp.name
　　FROM　 mgr, emp
　　WHERE　 mgr.sal 〈 emp.sal;

Step 1 : M 사이트에서 SELECT sal FROM mgr 질의문을 수행
Step 2 : Step 1의 Projection을 E 사이트로 전송하고 이를 mgrP라고 함
Step 3 : E 사이트에서 SELECT name, sal FROM emp WHERE sal 〉 mgrP.sal 수행
Step 4. Step 3의 결과는 상대적으로 작은 양일 것이고 이를 M 사이트로 전송한다.(empP)
Step 5 : SELECT mgr.name, empP.name FROM mgr, empP WHERE mgr.sal 〈 empP.sal를 수행함.

다음 관계 대수(Relational Algebra) 연산자들 중에서 유형이 <u>다른</u> 것은?

① 카티션 프로덕트(cartesian product)
② 실렉트(select)
③ 프로젝트(project)
④ 디비전(division)

● 해설 : ①번

실렉트(select), 프로젝트(project), 디비전(division)은 관계연산자이고 카티션 프로덕트 (cartesian product)은 집합 연산자에 포함됨.

● 관련지식 ●

1) 집합연산자 : 수학에서 이용되는 일반 집합 연산자
  – 합집합 (union) : A∪B
  – 교집합 (intersection) : A∩B
  – 차집합 (difference) : A−B
  – 카르테시안 곱 (cartesian product) : A×B(속성의 수, 로우의 수)

2) 관계연산자 : 테이블에만 적용되는 검색 연산자
  – Selection : σ(조건)R
  – Projection : π (속성리스트)R
  – Join : ▷◁⟨속성=속성⟩S, ⟨카티션 곱(cartesian product) + 선택연산(select)⟩
  • 세타조인(theta join) : 선택연산의 비교연산자가 { =, ◇, ≤, ⟨, ≥, ⟩ } 등인 것
  • 동등조인(equi join) : 세타조인 중 특별히 비교연산자가 = 인 경우
  • 자연조인(natrual join) : 동등조인에서 중복속성 중 하나가 제거된 것
  • 세미조인(semi join) : 자연조인에서 한쪽 릴레이션의 속성은 제거되고 다른 한쪽의 속성만 나타나는 조인연산
  • 외부조인(outer join) : 왼쪽 외부조인(left outer join), 오른쪽 외부조인(right outer join), 완전 외부조인(full outer join)
  – Division : R1(속성%속성)R2, 한 relation에서 다른 relation의 Attribute를 제외한 속성만 선택
  – 배정(assignment)연산 : 복잡한 질의를 단순하고 간편하게 표현하는 방법, ← 로 표현

다음과 같은 일련의 권한부여 SQL 명령이 실행된 후에, STUDENT 테이블에 대하여 SELECT를 수행할 수 있는 사용자 수는?

DBA: GRANT SELECT ON STUDENT TO U1 WITH GRANT OPTION;

U1: GRANT SELECT ON STUDENT TO U2;

U2: GRANT SELECT ON STUDENT TO U3;

DBA: REVOKE SELECT ON STUDENT TO U1 CASCADE;

---

① 0명   ② 1명   ③ 2명   ④ 3명

● 해설 : ①번

DBA이외에 U1, U2는 권한이 모두 회수되어 SELECT 권한이 없다고 할 수 있음.

단, DBA도 사용자라고 하면 1명도 답이 될 수 있음.

정확한 문제출제는 DBA로 부여 받은 사용자 중 SELECT 를 수행할 수 있는 사용자 수 라고 하면 정답은 0명에 해당함.

● 관련지식 ●●

• ROLE을 통한 권한 부여 예

  1) 계정 생성 : CREATE USER TEST IDENTIFIED BY TEST;

  2) 롤(ROLE)을 만들어 권한을 부여 : CREATE ROLE TEST_ROLE;

     GRANT CONNECT, RESOURCE TO TEST_ROLE;

  3) 롤 권한을 유저에게 부여한다. : GRANT TEST_ROLE TO TEST;

  4) 권한 회수 : REVOKE CONNECT, RESOURCE TO TEST_ROLE

카디널리티(cardinality)가 100인 릴레이션 R과 카디널리티가 10인 릴레이션 S에서, R의 외래 키 A가 S의 기본키 A를 참조한다고 하자. 두 릴레이션에 대해 다음의 두 질의어를 실행시켰다고 하자.

질의어 1: SELECT * FROM R, S;
질의어 2: SELECT * FROM R, S WHERE R.A = S.A;

질의어 1과 질의어 2의 실행 결과 튜플(tuple)의 수는?

① 110, 10   ② 110, 100   ③ 1000, 10   ④ 1000, 100

● 해설 : ④번

질의어 1: SELECT * FROM R, S;의 경우 카테시안 조인으로 인해 두 개 테이블의 로우의 수를 모두 곱한 수가 나옴, 100 * 10 = 1000
질의어 2: SELECT * FROM R, S WHERE R.A = S.A;는 특정 조건에 의해 SELECT가 되기 때문에 두 개의 테이블 중 많은 값이 있는 쪽으로 튜플의 수가 나오게 됨. 100

객체-관계 데이터베이스의 표준 언어인 SQL3에서 사용자 정의 타입(user-defined type)에 해당하는 데이터 타입은?

① LOB 타입   ② ARRAY 타입   ③ ROW 타입   ④ STRUCTURED 타입

● 해설 : ④번

SQL3에서 사용자 정의 타입으로 STRUCTURED 타입을 만들어 낼 수 있음.

● 관련지식 •

– 다음과 같이 사용자가 정의하여 STRUCTURED 타입을 만들어 낼 수 있음.

```
CREATE TYPF address AS
(street CHAR (30),
city CHAR (20),
state CHAR (2),
zip INTEGER) NOT FINAL
```

다음 관계 데이터베이스 스키마를 보고 다음 질의를 SQL로 표현한 것 중 맞는 것은?
〈질의 : 평점이 3.0 이상인 학생들의 이름을 보여라.〉

밑줄친 속성은 기본키(Primary Key)이며 ENROLL의 학번은 STUDENT의 학번을 참
조하는 외래키(Foreign Key)이고, ENROLL의 강좌번호는 CLASS의 강좌번호를 참조
하는 외래키이다.

(스키마)
  STUDENT(학번, 학과, 이름)
  CLASS(강좌번호, 시간, 강좌이름)
  ENROLL(학번, 강좌번호, 학점)

① SELECT S.이름
   FROM STUDENT S, ENROLL E
   GROUP BY E.학번
   HAVING AVG(E.학점) >= 3.0
② SELECT S.이름
   FROM STUDENT S, ENROLL E
   WHERE S.학번=E.학번
   HAVING AVG(E.학점) >= 3.0
③ SELECT S.이름
   FROM STUDENT S, ENROLL E
   WHERE S.학번=E.학번
   GROUP BY E.학번
   HAVING AVG(E.학점) >= 3.0
④ SELECT S.이름
   FROM STUDENT S, ENROLL E
   WHERE S.학번=E.학번 and AVG(E.학점) >= 3.0

● 해설 : ③번

SELECT → FROM → WHERE → GROUP BY → HAVING 순으로 문장이 구성됨.
두 개의 테이블을 조인해야 하므로 WHERE절에 조인 조건 'WHERE S.학번=E.학번'이 포함
되어야만 하고 학번에 대해 평점 3.0 이상이므로 'GROUP BY E.학번 HAVING AVG(E.
학점) >= 3.0'이 포함되어야 함.

다음 중 질의 최적화를 위해 최적기들이 사용하는 경험적 방법(Heuristic)에 해당하는 것은 무엇인가?

① 조인(Join) 연산을 가능하면 일찍 수행한다.
② 선택(Selection) 연산을 가능하면 늦게 수행한다.
③ 추출(Projection) 연산을 가능하면 일찍 수행한다.
④ 자연 조인(Natural Join) 연산을 가능하면 일찍 수행한다.

● 해설 : ③번

　① 조인(Join) 연산을 가능하면 일찍 수행한다. → 조인연산은 선택, 추출 연산 후에 다른 연산에 한정적으로 먼저 수행함
　② 선택(Selection) 연산을 가능하면 늦게 수행한다. → 먼저 수행한다.
　③ 추출(Projection) 연산을 가능하면 일찍 수행한다.
　④ 자연 조인(Natural Join) 연산을 가능하면 일찍 수행한다. → 조인연산은 선택, 추출 연산 후에 다른 연산에 한정적으로 먼저 수행함.

● 관련지식 ●

• 경험적(Heuristic) 최적화(첨부파일 내용 참조)
　시스템은 보통 비용기반의 유형으로 만들어지는 선택의 수를 줄이기 위해 경험적인 방법을 사용
　경험적 최적화는 전형적(모든 경우에 해당되지는 않는)으로 실행 성능(execution performance)을 개선한 규칙들(rules)의 집합에 의해 질의-트리를 바꿈.
　　－ 선택연산(selection)을 먼저 수행한다. (튜플의 수를 줄인다.)
　　－ 추출연산(projection)을 먼저 수행한다. (속성의 수를 줄인다.)
　　－ 다른 유사한 연산을 수행하기 전에 가장 한정적인 선택연산과 조인연산을 수행한다.
　　－ 몇몇 시스템은 경험적인 방법만을 사용하고, 그 외에는 부분적인 비용 기반 최적화를 포함한다.
　경험적 방법의 관리 → 중간 결과의 크기를 줄임

다음 SQL 문장 중 column1의 값이 널 값(Null Value)인 경우를 찾아내는 문장은?

① SELECT * FROM myTable WHERE column1 is null
② SELECT * FROM myTable WHERE column1 = null
③ SELECT * FROM myTable WHERE column1 EQUALS null
④ SELECT * FROM myTable WHERE column1 NOT null

● 해설 : ①번

NULL 값을 찾는 SQL문장은 'is null'로 비교하는 문장임.

● 관련지식 •••

1) IS NULL 연산자의 예
   SELECT ename, mgr
     FROM emp
     WHERE mgr IS NULL ; → mgr이 null인 데이터를 찾는다.

2) Null 비교
   − Null 값은 비교를 할 수 없는 값임.
   − IS NOT NULL 키워드에 한정되어 처리가 가능함.
   − 테이블 생성시 가급적 Default 값을 지정하도록 함.

2007년 63번

〈age,salary,name〉의 세 애트리뷰트에 대해 정의된 복합 인덱스가 있다.
다음 질의 조건 중에서 이 인덱스가 효율적으로 활용될 수 없는 것은?

① SELECT age, salary, name FROM employee
   WHERE age=30 and salary=1500000;
② SELECT salary, name FROM employee
   WHERE age=30 and salary=1500000 and name="홍길동";
③ SELECT age, salary FROM employee
   WHERE salary=1500000 and name="홍길동";
④ SELECT age, salary, name FROM employee
   WHERE age=30;

● 해설 : ③번

인덱스가 걸려 있는 여러 개의 복합컬럼에서 앞쪽에 있는 컬럼에 대한 값이 들어오지 않을 때
인덱스의 효율성은 떨어짐.
 ③ SELECT age, salary FROM employee
   WHERE salary=1500000 and name="홍길동";
 의 경우 인덱스 선두 컬럼인 age에 값이 조건으로 들어오지 않았으므로 효율적이지 않다고
 할 수 있음.

● 관련지식 ●●●

– 인덱스를 이용하는 특징을 이해해야 함.
– 선두컬럼에 있는 인덱스가 걸려있는 컬럼에 '=','%','Between등이 들어와야 효율적인 인덱
  스를 이용할 수 있음. 이중 범위를 확실하게 하는 '='조건이 앞에 와야 가장 효율적인 인덱스
  조회를 할 수 있음.

다음은 어느 회사의 사원들과 이들이 부양하는 가족에 대한 릴레이션들이다.

> 사원 (사번, 이름, 나이)
> 가족 (이름, 나이, 부양사번)
> ※ 가족 릴레이션의 부양사번은 사원 릴레이션의 사번을 참조하는 외래키(Foreign Key)이다.

'현재 부양하는 가족들이 없는 사원들의 이름을 구하라'는 질의에 대해 다음 SQL문의 괄호
안에 들어 갈 내용으로 맞는 것은?

> SELECT 이름 FROM 사원 WHERE
>   (   )
>   SELECT * FROM 가족 WHERE ( )

① EXISTS, 사번 = 부양사번
② EXISTS, 사번 ≠ 부양사번
③ NON EXISTS, 사번 ≠ 부양사번
④ NON EXISTS, 이름 = 이름

● 해설 : ①, ②, ③, ④번, 정답이 없음

> SELECT 이름 FROM 사원 WHERE
>   (NOT EXISTS   )
> SELECT * FROM 가족 WHERE (사번 = 부양사번)
>   – 존재유무는 Exists인데 조건이 가족들이 없는 사원이므로 Not Exists로 해야 함.
>   – 또한 참조속성이 사번이므로 사번과 부양사번을 비교하는 구절이 들어가면 됨.

● 관련지식 ●

• Exists 오른편에 있는 select문을 통해 나오는 결과값이 [테이블] 자체에 존재하면 출력 결과
  가 나옴.
  – exists는 참이면 where절 왼편까지의 select query의 결과가 나오고,
  – 없으면 결과가 나오지 않음
• Not exists 오른편에 있는 select문을 통해 나오는 결과값이 자체에 존재하지 않으면 출력
  결과가 나옴.

다음 중 조인(Join) 연산을 수행하는 방법이 <u>아닌 것은?</u>

① 정렬 병합(Sort-merge) 방법　　② 해시 조인(Hash-join) 방법
③ 중첩 루프(Nested Loop) 방법　　④ 카티션 루프(Cartesian Loop) 방법

● 해설 : ④번

　카티션 루프(Cartesian Loop) 방법이라는 용어는 없음. 조인 조건이 걸리는 않는 것을 '카티션곱,Cartesian Product)이라고 이야기 함.

다음 릴레이션(Relation)에서, 밑줄 친 부분만 접근하기 위해 뷰(View)를 생성하려고 한다. 다음 SQL문 중 틀린 것은?
　(단,"〈 〉"기호는 "다르다"를 의미함)

릴레이션 : 교수

교수번호	이름	학과명	전공	근무년수
p1	교수1	학과1	전공1	5
p2	교수2	학과3	전공2	6
p3	교수3	학과1	전공1	4
p4	교수4	학과2	전공3	12
p5	교수5	학과3	전공4	7

① CREATE VIEW PROFESSOR_SELECT_VIEW
　 AS SELECT 이름, 전공
　 FROM 교수
　 WHERE 전공 〈〉 '전공1'
② CREATE VIEW PROFESSOR_SELECT_VIEW
　 AS SELECT 이름, 전공
　 FROM 교수
　 WHERE 근무년수 〉5
③ CREATE VIEW PROFESSOR_SELECT_VIEW
　 AS SELECT 이름, 전공
　 FROM 교수
　 WHERE 학과 = '학과2'
　 OR 학과 = '학과3'
④ CREATE VIEW PROFESSOR_SELECT_VIEW
　 AS SELECT 이름, 전공
　 FROM 교수
　 WHERE 교수번호 IN (p1, p3)

● 해설 : ③번, ④번

원래 의도한 바는 WHERE 교수번호 IN (p1, p3)에 의해 밑줄이 그어지지 않은 교수1과 교슈 3이 나와 정답이 하나 인걸로 출제를 했으나, ③번 지문의 비교절의 컬럼명이 WHERE 학과 = '학과2' OR 학과 = '학과3'로 되어 있어, 즉 학과명으로 표현하지 않고 학과로 표현하여 틀린 문장이 되었음.

데이터베이스 시스템 모듈 중에서 질의 처리기가 주로 수행하는 역할은?

① 디스크에 있는 데이터베이스나 카탈로그를 접근
② 디스크와 메모리 사이의 데이터 전송을 수행
③ 일반 사용자가 요청한 고급 질의어를 처리
④ 실행시간에 데이터베이스 접근 수행

● 해설 : ③번

질의 처리기의 주 역할은 일반 사용자가 요청한 SQL(고급 질의어)를 해석하고 처리하는 역할을 수행함.

● 관련지식 ･･

- DBMS(Database Management System) 개념
  - 응용 프로그램과 Database 사이의 중재자로서 모든 응용 프로그램들이 Data를 공유 할 수 있게 관리 해주는 시스템
  - 파일 시스템에서 야기된 데이터의 종속성과 중복성의 문제를 해결하기 위한 시스템

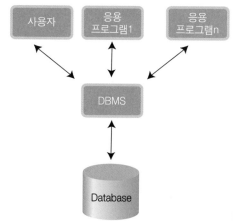

모듈	기능
자료 정의기	– 스키마를 입력하고 자료사전(Data Dictionary)에 저장함
질의 처리기	– Query Processor – 사용자의 질의를 받아서 SQL문법에 맞는지? – DB Access횟수를 줄이는 최적 시행전략 수립(Query Optimization)
트랜잭션 관리기	– 데이터베이스 프로그램들을 병행제어(직렬화 보장)
저장 관리기	– Data를 Hard Disk를 저장하고 읽기

- 질의 처리기가 하는 기능은 다음과 같음
  - 전처리기(preprocessor)
  - DML(data manipulation language) 컴파일러
  - DDL(data definition language) 컴파일러
  - 질의 컴파일러
  - 실시간 데이터베이스 처리기
  - 시스템 카다로그(system catalog), 데이터 사전(data dictionary)

Dynamic SQL관한 다음 설명 중 틀린 것은?

① embedded SQL의 일종이다.
② 호스트변수(Host variable)들이 컴파일 때 결정된다.
③ EXECUTE IMMEDIATE 문에 의하여 수행된다.
④ 데이터베이스 접속패턴이 일정치 않거나 대화식 SQL에 사용된다.

● 해설 : ②번

호스트변수(Host variable)들이 컴파일 때 결정되는 것이 아니고 실행할 때 그 값을 알 수 있음. 컴파일 할 때 결정이 된다면 Dynamic SQL로 하지 않고 Static SQL로 해야 함.

● 관련지식 ●●

• Dynamic SQL의 사용하는 이유
  – 비교될 컬럼이 변경되는 경우(WHERE절),
  – 참조할 테이블이 변경되어야 하는 경우,
  – INSERT, UPDATE시의 컬럼이 변경되는 경우
• 다이나믹 SQL을 사용하는 예는 다음과 같음.

```
declare
    sql_stmt    varchar2(200);
begin
sql_stmt := 'select * from emp where empno = :id';
    execute immediate sql_stmt
end;
    /
```

데이터베이스의 트리거에서 규칙판정(조건검사)을 수행하는 가능성의 종류에 해당하지 <u>않는</u> 것은?

① 즉시(immediate) 판정
② 지연(deferred) 판정
③ 조기(early) 판정
④ 분리(detached) 판정

● 해설 : ③번

• 규칙판정에 대한 3가지 주요 가능성
1) 즉시 판정 : 조건이 트리거하는 이벤트와 동일한 트랜잭션의 일부로서 즉시 조건이 검사
2) 지연 판정 : 트리거하는 이벤트를 포함하는 트랜잭션의 마지막에 조건을 검사
   (단 검사 기다리는 규칙들이 많을 수 있음)
3) 분리 판정 : 트리거하는 트랜잭션에 의하여 생성된 별도의 트랜잭션으로 조건을 검사

● 관련지식 ●●●

• 능동 데이터베이스 규칙을 명시하기 위해 사용된 모델
• 이벤트-조건-동작(Event-Condition-Action) → ECA모델

1) 규칙을 트리거하는 이벤트
   - 명시적으로 적용된 데이터베이스 갱신 연산
   - 일반적인 모델- 이력이벤트 또는 다른 형태의 외부이벤트도 가능

2) 동작을 수행할지 결정하는 조건
   - 선택적인 조건을 검사 - 조건이 만족되는 경우에만 동작
   - 조건이 명시되어 있지 않으면 - 이벤트 발생하면 동작 수행

3) 수행할 동작
     대개 일련의 SQL 문장들
   - 데이터베이스 트랜잭션 또는 자동적으로 실행되는 외부프로그램도 가능

다음은 영화 데이터베이스 관계 스키마의 일부이다. 밑줄 친 속성들은 각 스키마의 기본키이다.
배우(<u>배우번호</u>, 배우명, 성별)
영화(<u>영화번호</u>, 영화명, 제작년도)
출연(<u>배우번호</u>, <u>영화번호</u>, 출연료)

> 주어진 스키마를 토대로 다음 질의에 맞는 SQL문은?
> "5편 이상 영화에 출연한 배우들의 배우번호별 출연료의 평균을 구하라."

① SELECT 배우번호, AVG(출연료) FROM 배우, 출연
   WHERE 배우.배우번호 = 출연.배우번호 AND COUNT(출연료) >=5
② SELECT 배우번호, AVG(출연료) FROM 배우, 출연
   WHERE 배우.배우번호 = 출연.배우번호
   GROUP BY 출연.배우번호 HAVING SUM (출연료) >= 5
③ SELECT 배우번호, AVG(출연료) FROM 출연
   GROUP BY 배우번호 HAVING COUNT (출연료) >= 5
④ SELECT 배우번호, AVG(출연료) FROM 출연
   GROUP BY 배우번호 WHERE COUNT(출연료) >=5

● 해설 : ③번

SELECT → FROM → WHERE → WHERE → GROUP BY → HAVING 순으로 문장이 구성됨.

● 관련지식 ●●●

• SELECT절의 GROUP 함수

함수명	설명
AVG	지정된 컬럼에 대한 조건을 만족하는 행중에서 Null을 제외한 평균을 반환.
COUNT	쿼리에 의해 반환된 행의 수를 반환.
GROUPING	ROLLUP이나 CUBE 연산자와 함께 사용하여 GROUPING 함수에 기술된 컬럼이 그룹핑 시 즉, ROLLUP이나 CUBE 연산시 사용이 되었는지를 보여 주는 함수.
MAX	인수중에서 최대값을 반환.
MIN	인수중에서 최소값을 반환.
RANK	값의 그룹에서 값의 순위를 계산.
SUM	expr의 값의 합을 반환.

공급자-부품 데이터베이스에서 다음 SQL문을 수행하였을 때, 결과 테이블의 튜플 개수는?

```
SELECT DISTINCT S.SNAME FROM S WHERE S.S# IN
        (SELECT SP. S# FROM SP WHERE SP.P#= 'P2'
```

S(공급자)

S#	SNAME	CITY
S1	홍길동	서울
S2	이순신	부산
S3	손오공	서울
S4	박문수	대구
S5	신수동	광주
S6	반월성	울산

P(부품)

P#	PNAME	COLOR
P1	너트	노랑
P2	볼트	빨강
P3	스크류	파랑
P4	스크류	검정
P5	캠	노랑
P6	콕	빨강

SP(공급자)

S#	P#	QTY
S2	P2	200
S3	P2	400
S2	P2	100
S1	P1	300
S4	P2	200
S5	P3	100

① 1개   ② 2개
③ 3개   ④ 4개

● 해설 : ③번

SP테이블에서 P#가 P2에 해당하는 S#의 값은 S2, S3, S4에 해당함. 이것이 SQL문장에서
in절에 포함되므로 S(공급자)테이블에서 S#가 S2, S3, S4인 튜플의 수는 3개에 해당함.

질의 최적화와 관련하여 다음 설명 중 가장 적절하지 않은 것은?

① 질의 최적화를 위해 DBMS카탈로그에 여러 가지 통계정보를 저장하고 이를 이용한다.
② 최적의 조인 순서를 찾아내기 위해 동적 프로그래밍(dynamic programming) 알고리즘을 사용한다.
③ 고려해야 할 수행 계획의 수를 줄이기 위해 경험적 방법(heuristics)을 사용한다.
④ 실체화 뷰(Materialized View)를 사용하면 질의의 결과를 미리 저장하고 있으므로 잦은 데이터의 변경에 효과적이다.

● 해설 : ④번

실체화된 뷰는 질의의 결과를 미리 저장하고 있기는 하나, 잦은 데이터 변경이 발생하면 이를 재 갱신하는 작업이 내부적으로 수행되어 효과적이지 않음.

● 관련지식 ●●●

• 뷰의 실체화(view materialization)
  – 임의 뷰 테이블을 물리적으로 생성하고 유지하는 방식
  – 가정 : 뷰에 다른 질의들이 사용됨
  – 문제점 : 기본 테이블이 갱신되면 뷰 테이블도 변경해야 함(비효율적임)
  – 해결방법 : 오버헤드가 적은 점진적 갱신(incremental update)기법 필요

조인 연산 처리에 대한 설명 중 가장 적절하지 않은 것은?

① 정렬-합병(Sort-merge)조인이나 해시(Hash)조인의 경우 자연(Natural)조인, 동등(Equi)조인에 사용가능하지만, 중첩 반복(nested-loop) 조인은 임의의 조인 조건에 사용 가능하다.
② 인덱스가 걸려있는 테이블을 내부 릴레이션으로 사용하면 효율적으로 인덱스된 중첩 반복 조인을 수행할 수 있어 효율적이다.
③ 조인 애트리뷰트에 대해 정렬되지 않더라도 보조 인덱스가 있으면 인덱스 스캔을 통해 정렬-합병 조인을 처리하는 것이 효율적이다.
④ 하이브리드 해시 조인은 해시 분할 단계에서 가능한 한 많은 레코드의 조인을 처리하므로 비교적 큰 메모리를 사용할 수 있을 때 유용하다.

● 해설 : ③번

"조인 애트리뷰트에 대해 정렬되지 않더라도 보조 인덱스가 있으면 인덱스 스캔을 통해 정렬-합병 조인을 처리하는 것이 효율적이다" → 조인에 참여하는 컬럼이 랜덤하는 것을 암시하는 조건이 있기 때문에 이것이 정렬-합병 조인의 순차처리의 장점을 살릴 수 있을지 의문이 들기는 함.

단, 보조 인덱스가 있기 때문에 보조인덱스를 기준으로 정렬하여 조인하면 가능할 것도 같은데, 정렬-합병 조인보다 중첩반복 조인이 더 효율적인 설명으로 보임.

D06. 트랜잭션

시험출제 요약정리

1) 트랜잭션(Transaction)의 개념
   - 하나의 논리적 작업 단위를 구성하는 하나 이상의 SQL 문이다.
   - 모든 트랜잭션은 COMMIT 또는 ROLLBACK 두가지 상황으로 종료된다.

2) 트랜잭션 특징 (ACID)

특징	의미
Atomicity (원자성)	- 트랜잭션은 분해가 불가능한 최소의 단위로서 연산 전체가 처리되거나 전체가 처리되지 않아야 함 (All or Nothing) - Commit/Rollback 연산
Consistency (일관성)	- 트랜잭션이 실행을 성공적으로 완료하면 언제나 모순 없이 일관성 있는 데이터베이스 상태를 보존함
Isolation (고립성)	- 트랜잭션이 실행 중에 생성하는 연산의 중간 결과를 다른 트랜잭션이 접근할 수 없음
Durability (영속성)	- 성공이 완료된 트랜잭션의 결과는 영속적으로 데이터베이스에 저장됨

3) 트랜잭션의 처리방법

처리방법	주요개념
Commit	해당 트랜잭션을 성공적으로 종료 또는 완료 (Commit) 하고, 데이터베이스의 변경 내용을 하드디스크에 저장함으로써 영구적으로 저장함 이 결과 데이터베이스는 일관적 상태(consistent state)에 놓음 새로운 트랜잭션은 Commit 문 다음에 바로 시작할 수 있음
Rollback	해당 트랜잭션을 중지 또는 폐기 (Abort) 하고, 데이터베이스에 저장된 내용을 철회 (Rollback) 시킴 이 결과 데이터베이스는 비일관적 상태(inconsistent state)에 놓임 데이터베이스에 대한 갱신 작업이 취소되어야 함(undo) 새로운 트랜잭션은 Rollback 문 다음에 바로 시작할 수 있음

처리방법	주요개념
성공적 프로그램 종료	Commit 문이 실행된 것과 동일한 효과를 나타내는 것으로 트랜잭션이 성공적으로 종료됨 Commit 문과는 달리 새로운 트랜잭션은 시작되지 않음
비정상 프로그램 종료	Rollback 이 실행되는 것과 동일한 효과를 나타내는 것으로 트랜잭션 처리를 중지함 Rollback 과 달리 프로그램이 종료되기 때문에 새로운 트랜잭션은 시작되지 않음

4) 트랜잭션의 상태전이도

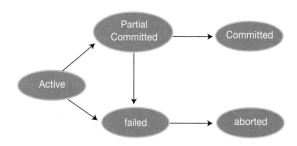

구 분	설 명
활동상태 : Active	초기 상태, 트랜잭션이 실행중이면 동작상태에 있다고 할 수 있음.
부분완료 상태 : Partial Committed	마지막 명령문이 실행된 후에 가지는 상태임.
완료 상태 : Committed	트랜잭션이 성공적으로 완료된 후 가지는 상태임.
실패 상태 : Failed	정상적인 실행이 더 이상 진행될 수 없을 때 가지는 상태
철회 상태 : Aborted	트랜잭션이 취소되고 데이터베이스가 트랜잭션 시작 전 상태로 환원되었을 때 가지는 상태임.

기출문제 풀이

2단계 잠금 규약(2-phase locking protocol)에 대한 설명 중 <u>틀린 것은?</u>

① 직렬 가능한(serializable) 스케줄을 보장한다.
② 교착상태(deadlock)를 만들지 않는 기법이다.
③ 확장단계(growing phase)에서는 트랜잭션이 lock 연산만 수행할 수 있다.
④ 축소단계(shrinking phase)에서는 트랜잭션이 unlock 연산만 수행할 수 있다.

● 해설 : ②번

교착상태(deadlock)를 만들지 않는 기법이다. → 2단계 잠금 규약(2-phase locking protocol)은 교착상태를 해결하지 못함. 오히려 교착상태를 유발할 수 있음.

● 관련지식 ●

• 2단계 잠김 (2 Phased Locking)의 개요와 특징
 – 2개 이상의 트랜잭션이 병행적으로 처리되었을 때 데이터베이스의 결과는 그 트랜잭션을 임의의 직렬적인 순서로 처리했을 때의 결과와 논리적으로 일치해야 함
 – 직렬 가능성을 달성하기 위한 방법으로 2단계 잠김을 이용함
 – 2단계 잠김에서는 트랜잭션 필요시 잠김을 필요한 만큼 걸 수 있으나, 일단 첫번째 잠김을 해지하면(Unlock이 되면) 더 이상의 감김을 걸 수 없다.
 – 모든 트랜잭션들이 lock과 unlock연산을 확장단계와 수축단계로 구분하여 수행함
  • 확장단계(Growing Phase) : 트랜잭션은 잠김을 거는 단계
  • 수축단계(Shrinking Phase) : 트랜잭션은 푸는 단계

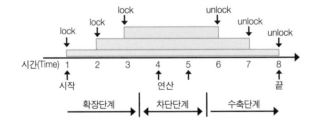

2004년 53번

트랜잭션들에 대한 로그가 다음처럼 기록되었다고 하자. c 지점은 checkpoint이고 f 지점은 장애발생시점이다. UNDO와 REDO 대상이 바르게 묶인 것은?

> T1: c 전에 시작, f 전에 완료
> T2: c 전에 시작, f시 진행중
> T3: c 이후 시작, f 전에 완료
> T4: c 이후 시작, f시 진행중

① UNDO = {T2, T4}, REDO = {T3} ② UNDO = {T3}, REDO = {T2, T4}
③ UNDO = {T1, T3}, REDO = {T2, T4} ④ UNDO = {T2, T4}, REDO = {T1, T3}

● 해설 : ④번

장애(f)발생 지점 전에 완료된 트랜잭션은 REDO대상이고, 장애(f)시점에 진행중인 트랜잭션은 UNDO의 대상임. 따라서 UNDO = {T2, T4}, REDO = {T1, T3}가 정답임.

● 관련지식 ●●

• Log 이용기법 – Check Point 회복기법)

회복	트랜잭션 수행 도중 문제점이 발생하면, 로그 파일의 정보를 모두 검사하여 Redo 와 Undo 연산을 실행할 트랜잭션과 체크포인트를 선정 검사점의 로그 파일 기록을 이용하여 실행함. 장애 발생시에 검사점 이전에 처리된 트랜잭션들은 회복 대상에서 제외 검사점 이후에 처리된 트랜잭션에 대해서만 회복 작업을 시행함 새로 시작한 트랜잭션은 UNDO 리스트 COMMIT 된 트랜잭션은 REDO 리스트 로그 역방향으로 UNDO 실행후 로그 전방향으로 REDO 실행

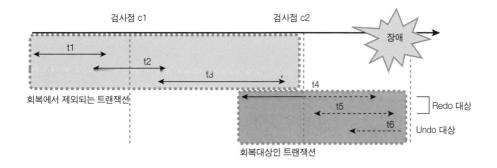

2004년 | 65번

다음 중에서 연쇄 복귀(cascading rollback)의 가능성이 있는 경우는?

① commit된 트랜잭션 T1에 의해 이미 기록(write)된 데이터 항목 D를 트랜잭션 T2가 또 기록한 경우

② uncommit된 트랜잭션 T1에 의해 이미 기록된 데이터 항목 D를 트랜잭션 T2가 판독(read)한 경우

③ uncommit된 트랜잭션 T1에 의해 항목 D가 기록(write)되었고 데이터 항목 E는 트랜잭션 T2에 의해 기록된 경우

④ ②, ③의 트랜잭션 모두

● 해설 : ②번

Rollback되는 트랜잭션(uncommit된 트랜잭션)에 의해 취소하려 하나 중간 반영 값을 다른 다른 트랜잭션에 의해 읽히거나 쓰기가 완료되어 버린경우가 연쇄 복귀(Cascading Rollback)의 경우임. 이 경우 사실상 회복이 불가능함(회복불능(Unrecoverability)

● 관련지식 ●●

• 연쇄 복귀(Cascading Rollback)

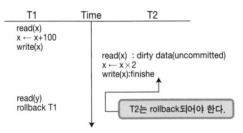

– 완료되지 않은 데이타 접근(T1의 문제로 롤백되어 T2도 취소되어야 한다)

2005년 63번

트랜잭션이 갖출 4가지 조건으로 ACID 성질에 해당되지 <u>않는</u> 것은?

① 원자성(Atomicity)
② 일관성(Consistency)
③ 독립성(Independence)
④ 지속성(Durability)

● 해설 : ③번

독립성(Independence)은 트랜잭션의 4가지 성격에 포함되지 않음.

● 관련지식 ••

• 트랜잭션 특징(ACID)

특징	의미
Atomicity (원자성)	– 트랜잭션은 분해가 불가능한 최소의 단위로서 연산 전체가 처리되거나 전체가 처리되지 않아야 함 (All or Nothing), Commit/Rollback 연산
Consistency (일관성)	– 트랜잭션이 실행을 성공적으로 완료하면 언제나 모순 없이 일관성 있는 데이터베이스 상태를 보존함
Isolation (고립성)	– 트랜잭션이 실행 중 연산 중간 결과를 다른 트랜잭션이 접근할 수 없음
Durability (영속성)	– 성공이 완료된 트랜잭션의 결과는 영속적으로 데이터베이스에 저장됨

• 트랜잭션의 처리방법

처리방법	주요개념
Commit	해당 트랜잭션을 성공적으로 종료 또는 완료 (Commit) 하고, 디스크에 영구적저장 새로운 트랜잭션은 시작할 수 있음
Rollback	해당 트랜잭션을 중지 또는 폐기 (Abort) 하고, 저장된 내용을 철회 (Rollback) 시킴 데이터베이스에 대한 갱신 작업이 취소되어야 함(undo) 새로운 트랜잭션은 시작할 수 있음
성공적 프로그램 종료	Commit 문이 실행된 것과 동일한 효과 Commit 문과는 달리 새로운 트랜잭션은 시작되지 않음
비정상 프로그램 종료	Rollback 이 실행되는 것과 동일한 효과를 나타내는 것으로 트랜잭션 처리를 중지함 새로운 트랜잭션은 시작되지 않음

2005년 | 67번

병행 제어를 위한 로킹 기법 중에서, 데이터를 판독하고 트랜잭션을 처리하고 데이터를 변경한 후, 충돌이 일어났는지를 검사해 충돌이 없었으면 트랜잭션을 종료하고 충돌이 있었으면 트랜잭션을 처음부터 다시 실행하는 방식은?

① 2단계 로킹(two-phase locking)
② 낙관적 로킹(optimistic locking)
③ 다단계 로킹(multi-level locking)
④ 비관적 로킹(pessimistic locking)

● 해설 : ②번

트랜잭션의 중간에 전혀 제약 없이 진행(트랜잭션 처리 성능 좋음)하다가 이후에 충돌이 발생되었는지를 검증하는 기법은 낙관적 로킹(optimistic locking) 기법임.

● 관련지식 ●●

• 낙관적 병행제어 기법의 특징
  – 트랜잭션이 수행되고 있는 동안 어떠한 검사도 하지 않는다.
  – 트랜잭션의 수행 마지막에 트랜잭션의 갱신 사항들이 직렬가능성을 위반하는 경우가 있는지 검사하는 검증단계를 수행
  – 동시성 제어 3가지 단계 :읽기단계(read), 검증단계(validation), 쓰기단계(write)
  – 트랜잭션들 간에 많은 간섭이 있으면 완료(completion)하고자 하는 많은 트랜잭션들이 나중에 다시 재 시작(restart) 될 것이다.
  – 이러한 기법들은 트랜잭션들 사이에 방해가 거의 일어나지 않는 상황에 적합하다.

다음 예는 트랜잭션의 로그를 즉시 변경하는 방법(immediate update)으로 기록한 것이다. 로그는 〈트랜잭션 이름, 데이터, 변경전 값, 변경후 값〉의 구조를 갖는다.
system crash 이후, 트랜잭션들의 복구 방법을 짝지은 것 중 **틀린** 것은?

```
〈start, T1〉
〈T1, D, 20, 30〉
〈commit, T1〉
〈checkpoint〉
〈start, T2〉
〈T2, E, 12, 13〉
〈start, T4〉
〈T4, B, 15, 16〉
〈start, T3〉
〈T3, F, 30, 31〉
〈T4, A, 20, 21〉
〈commit, T4〉
〈T2, D, 25, 26〉
*system crash*
```

① T1 – 아무 작업도 필요 없다. ② T2 – undo
③ T3 – redo ④ T4 – redo

● **해설 : ③번**

T1 → 트랜잭션이 시작했다가 완료이후(Commit), 체크포인트 이후 장애 발생됨. 백업본만 복사하면 됨.

T2 → 트랜잭션을 시작했다가 완료되지 않은 상태에서 장애발생됨. UNDO 대상

T3 → 트랜잭션을 시작했다가 완료되지 않은 상태에서 장애발생됨. UNDO 대상

T4 → 트랜잭션을 시작했다가 완료이후(Commit) 장애 발생됨. 체크포인트 없었음. REDO 대상

● **관련지식** •

회복	– 트랜잭션 수행 도중 문제점이 발생하면, 로그 파일의 정보를 모두 검사 하여 Redo 와 Undo 연산을 실행할 트랜잭션과 체크포인트를 선정 – 검사점의 로그 파일 기록을 이용하여 실행함 – 장애 발생시에 검사점 이전에 처리된 트랜잭션들은 회복 대상에서 제외 – 검사점 이후에 처리된 트랜잭션에 대해서만 회복 작업을 시행함 – 새로 시작한 트랜잭션은 UNDO 리스트 – COMMIT 된 트랜잭션은 REDO 리스트 – 로그 역방향으로 UNDO 실행후 로그 전방향으로 REDO 실행

개념적 데이터베이스 설계의 사용패턴 분석에서 적용되는 규칙 중에 틀린 것은?

① 각 트랜잭션의 접근경로를 검토 및 수정하여 공통 접근 경로를 찾아낸다.
② 각 사용경로를 취합하여 별도의 사용도표로 표현한다.
③ 사용자의 데이터 사용경로를 논리적 접근도로 표현한다.
④ 데이터 요구사항을 결정하기 위해 주요 트랜잭션을 분석한다.

● 해설 : ②번

② 각 사용경로를 취합하여 별도의 사용도표로 표현한다. → 종합사용 도표로 표현해야 함

• 사용패턴 분석적용 규칙
  – 데이터 요구사항을 결정하기 위해 주요 트랜잭션을 분석한다.
  – 개념적 설계 단계에서 작성된 데이터 모델을 지침으로 삼아 사용자의 데이터 사용경로를 논리적 접근도로 표현한다.
  – 각 사용경로를 취합하여 하나의 종합사용도표로 표현한다.

● 관련지식 ••

• 자료양과 사용패턴 분석
  – 자료양과 패턴 분석 작업은 개념적 데이터 모델이 완성된후 검토하기로 한 요구사항 정의 및 분석의 추가 작업임. 이 작업에서는 필요한 자료를 수집하는 것 이외에도 개념적 데이터 모델내의 불일치를 찾아 수정할 수도 있음.
  – 자료양 분석은 데이터베이스에 표현해야 할 각 논리적 엔터티의 현재 및 미래의 수량을 예측하는 것임.
  – 자료 사용패턴 분석은 데이터베이스의 접근 및 갱신을 필요로 하는 여러 가지 트랜잭션들이 각 엔터티를 접근할 빈도수를 예측하는 것임. 자료양과 패턴 분석작업에서 수집된 통계는 물리적 설계과정의 주요입력이 됨.

트랜잭션의 병행 제어를 위해 사용하는 로킹 규약(Locking Protocol)에 대한 설명 중 틀린 것은?

① 트랜잭션 T가 데이터 아이템 x에 대해 read(x) 연산을 수행하는 경우에는 lock(x) 연산을 실행하지 않아도 된다.

② 트랜잭션 T가 실행한 lock(x)에 대해서는 T가 모든 실행을 종료하기 전에 반드시 unlock(x) 연산을 실행해야 한다.

③ 트랜잭션 T는 다른 트랜잭션에 의해 이미 lock이 걸려 있는 x에 대해서는 다시 lock(x)를 실행시키지 못한다.

④ 트랜잭션 T는 x에 lock을 자기가 걸어 놓지 않았다면 unlock(x)을 실행시키지 못한다.

● 해설 : ①번

① 트랜잭션 T가 데이터 아이템 x에 대해 read(x) 연산을 수행하는 경우에는 lock(x) 연산을 실행하지 않아도 된다. → 조회 시 공유 lock(Shared Lock)을 걸어줌.

● 관련지식 ●●

• 로킹규약

트랜잭션 T는 read_item(X) 연산을 수행하기 전에, 반드시 read_lock(X) 또는 write_lock(X) 연산을 수행해야 한다.

트랜잭션 T는 write_item(X) 연산을 수행하기 전에, 반드시 write_lock(X) 연산을 수행해야 한다.

트랜잭션 T는 모든 read_item(X) 연산과 write_item(X) 연산을 끝낸 후에 반드시 unlock(X) 연산을 수행해야 한다.

트랜잭션 T가 항목 X에 대해 이미 읽기(공유) 로크나 쓰기(배타적) 로크를 보유하고 있으면, T는 read_lock(X) 연산을 수행하지 않는다. 이 규칙은 완화될 수 있다.

트랜잭션 T가 항목 X에 대해 이미 읽기(공유) 로크나 쓰기(배타적) 로크를 보유하고 있으면, T는 write_lock(X) 연산을 수행하지 않는다.

트랜잭션 T가 항목 X에 대해 읽기(공유) 로크나 기록(배타적) 로크를 보유하고 있지 않다면, T는 unlock(X) 연산을 수행하지 않는다.

트랜잭션들이 아무런 제약 없이 데이터베이스를 동시에 접근하도록 허용할 때 발생하는 문제점이 <u>아닌</u> 것은?

① 갱신 분실(Lost Update)
② 연쇄 복귀(Cascading Rollback)
③ 교착 상태(Deadlock)
④ 모순성(Inconsistency)

● 해설 : ③번

• 교착상태는 로킹을 수행할 때 일정한 조건에 의해 무한대기하는 현상을 의미함

• 동시성 제어를 하지 않을 경우의 문제점
 – 갱신내용손실(Lost Update)
 – 현황파악오류(Dirty Read)
 – 모순성(Inconsistency)
 – 연쇄복귀 (Cascading Rollback)

트랜잭션의 수행시 동시성 제어가 안될 경우 발생할 수 있는 문제점으로 반복불가능 읽기(Non-repeatable Read)가 있다. 이에 대한 설명으로 맞는 것은?

① 2 단계에 걸쳐서 로킹(Locking)이 걸리는 현상
② 한 트랜잭션의 갱신연산이 무효화되는 현상
③ 한 트랜잭션이 완료(Commit)하지 않은 데이터를 읽는 현상
④ 한 트랜잭션이 데이터들을 읽어서 집계하는 동안 다른 트랜잭션이 데이터 값을 바꾸는 현상

● 해설 : ④번
 ① 2단계에 걸쳐서 로킹(Locking)이 걸리는 현상 → 2단계 로킹인 2PL(2 Phase Locking)에 대한 설명
 ② 한 트랜잭션의 갱신연산이 무효화되는 현상 → Lost Update현상
 ③ 한 트랜잭션이 완료(Commit)하지 않은 데이터를 읽는 현상 → Dirty Read현상
 ④ 한 트랜잭션이 데이터들을 읽어서 집계하는 동안 다른 트랜잭션이 데이터 값을 바꾸는 현상
  → 읽은 값을 바꾸어 버렸으므로 다시 읽으면 다른 데이터가 읽혀옴(Nonrepeatable Read)

DBMS에서 트랜잭션이 처리될 때, 트랜잭션의 처리 성능을 결정하는 요인 중 가장 거리가 먼 것은?

① 특정 값을 기준으로 데이터를 분할하는 파티셔닝의 방법
② 여러 개의 CPU를 두어 데이터를 병렬 실행하는 정도의 여부
③ 데이터의 일관성을 유지하는 로킹(Locking)의 정도
④ 보안성(Security) 강화 여부

● 해설 : ④번

- 보안성(Security) 강화 여부와 트랜잭션 처리 성능과는 무관함.
  ① 특정 값을 기준으로 데이터를 분할하는 파티셔닝의 방법 → 파티셔닝은 디스크 IO를 분산 시켜 성능을 향상하는 기법이 될 수 있음.
  ② 여러 개의 CPU를 두어 데이터를 병렬 실행하는 정도의 여부 → 한 개의 Job에 대해서 많은 CPU를 이용 병렬 수행하게 함으로써 성능을 향상 시킬 수 있음.
  ③ 데이터의 일관성을 유지하는 로킹(Locking)의 정도 → 로킹의 정도에 따라 성능이 빨라질 수 있고 느려 질 수 있음.

다음 두 개의 트랜잭션들에 대해 충돌 직렬가능(Conflict Serializable)하지 않은 스케줄은 어느 것인가?

T1	T2
READ(X)	READ(X)
WRITE(X)	WRITE(X)
READ(Y)	
WRITE(Y)	

※ T1, T2 : 트랜잭션
READ(X) : X값 읽기, READ(Y) : Y값 읽기
WRITE(X) :X값 쓰기, WRITE(Y) : Y값 쓰기
세로 라인 : 시간의 경과

①
T1	T2
READ(X)	
WRITE(X)	
	READ(X)
READ(Y)	
WRITE(Y)	
	WRITE(X)

②
T1	T2
READ(X)	
	READ(X)
WRITE(X)	
	WRITE(X)
READ(Y)	
WRITE(Y)	

③
T1	T2
READ(X)	
WRITE(X)	
	READ(X)
	WRITE(X)
READ(Y)	
WRITE(Y)	

④
T1	T2
READ(X)	
WRITE(X)	
READ(Y)	
	READ(X)
WRITE(Y)	
	WRITE(X)

● 해설 : ②번

T1에서 수정한 사항이 T2에서 덮어쓰지 않으면 직렬가능성을 보장하는 것임.
②번의 경우 T1에서 READ(X)를 수행하고 WRITE(X)를 하기 이전에 T2에서 다시 READ(X)를 수행하여 직렬가능성이 깨진 경우에 해당함.

● 관련지식 •

– 트랜잭션 직렬성(Serializability) : 트랜잭션들을 병행처리한 결과가 트랜잭션들을 순차적 (직렬로)으로 수행한 결과와 같아지는 것

다음 중 2단계 잠금 규약(2PL, Two-phase Locking Protocol)에서 발생할 수 있는 연쇄적인 롤백(Cascade Rollback)을 방지하기 위하여 제안된 2단계 잠금 규약은?

① Static 2PL
② Strict 2PL
③ Conservative 2PL
④ Optimistic 2PL

● 해설 : ②번

• 엄격한 2단계 로킹(Strict 2PL)
 - 가장 널리 사용되는 프로토콜로서, 트랜잭션이 완료되거나 철회될 때까지 그 트랜잭션이 보유한 로크들중 어떠한 로크도 해제하지 않음.

● 관련지식 •

• 기아현상(starvation)
 - 알고리즘이 동일한 트랜잭션을 희생자로 선택하여 철회시키는 과정을 반복함으로써 그 트랜잭션이 수행을 종료할 수 없게 되는 현상으로 방지법에는 wait-die 혹은 wound-wait 방법을 사용함.

다음 중 트랜잭션이 완료(Commit)되기 이전에 트랜잭션의 모든 갱신 작업이 데이터베이스에 기록됨을 보장할 때 사용하는 회복 방법은?

① 그림자 페이징(Shadow Paging)기법   ② NO-UNDO/REDO
③ UNDO/REDO   ④ UNDO/NO-REDO

● 해설 : ④번

트랜잭션이 완료(Commit)되기 이전에 트랜잭션의 모든 갱신 작업이 데이터베이스에 기록됨을 보장할 때 사용하는 회복 방법은 즉시반영 기법에 해당함.

● 관련지식 •••

• Log이용기법 – 즉시갱신기법 (Immediate Update)

갱신	• 트랜잭션 활동상태에서 갱신결과를 DB에 즉시 반영하고 Log 기록
회복	• 트랜잭션 수행 도중 실패(Failure) 상태에 도달하여 트랜잭션을 철회할 경우에는 로그 파일에 저장된 내용을 참조하여 UNDO 연산 수행

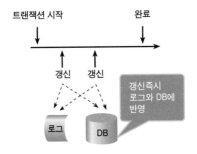

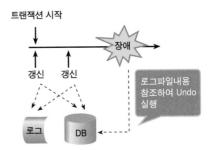

다음 트랜잭션의 ACID 성질을 보장하는 주체를 올바르게 연결한 것은?

a) 원자성(Atomicity)   가) DBMS의 무결성 관리 모듈
b) 일관성(Consistency)   나) 동시성 제어 관리자
c) 독립성(Independency)   다) 저장관리자
d) 고립성(Isolation)   라) 질의최적화기
                             마) 회복 관리자

① (a,마),(b,다),(c,나)
② (a,마),(b,가),(d,나)
③ (a,나),(b,다),(d,나)
④ (a,나),(b,가),(c,마)

● **해설 :** ②번

원자성은 트랜잭션의 All or Nothing을 의미함. 즉 모두 성공하든지 모두 실패하든지 해야 하므로 트랜잭션의 회복을 할 수 있는 회복 관리자가 필요함.

일관성은 트랜잭션이 실행을 성공적으로 완료하면 언제나 모순 없이 일관성 있는 데이터베이스 상태를 보존하는 것을 의미함. 무결성 관리 모듈은 데이터가 일관성있게 처리될 수 있도록 지켜줌(예. FK).

고립성(Isolation)은 트랜잭션의 수행 도중 다른 트랜잭션이 중간에 끼어드리 못하게 하는 기능이므로 동시성 제어 관리자가 필요함.

다음 중 직렬화(Serialization)가 가능한 스케쥴은?

Ri(X) : 트랜잭션 Ti에서 데이터 X를 읽는 작업
Wi(X) : 트랜잭션 Ti에서 데이터 X를 쓰는 작업

① R1(X); R3(X); W1(X); R2(X); W3(X);
② R1(X); R3(X); W3(X); W1(X); R2(X);
③ R3(X); R2(X); W3(X); R1(X); W1(X);
④ R3(X); R2(X); R1(X); W3(X); W1(X);

● 해설 : ③번

데이터를 읽으면 처음 읽은 트랜잭션에서만 데이터를 수정해야 직렬성을 보장한다고 할 수 있음.
① R1(X); R3(X); W1(X); R2(X); W3(X);
   → R1(X)에서 X를 읽었는데 R3(X)에서 X를 읽어 W1(X)한 이후 W3(X)가 있어 직렬성을 위배함.
② R1(X); R3(X); W3(X); W1(X); R2(X);
   → R1(X), R3(X)에서 X를 읽고 난 이후 W3(X), W1(X)가 있어 직렬성을 위배함.
③ R3(X); R2(X); W3(X); R1(X); W1(X);
   → R3(X), R2(X)에서 X를 읽고 난 이후 W3(X) 그 이후 다시 R1(X), W1(X)가 있어 직렬성이 가능함.
④ R3(X); R2(X); R1(X); W3(X); W1(X);
   → R3(X), R2(X), R1(X)에서 X를 읽고 난 이후 W3(X) 그 이후 W1(X)가 있어 직렬성을 위배함.

SQL의 SET TRANSACTION 명령문에서는 트랜잭션의 고립수준(Isolation Level)을 명시 할 수 있다. 이때 선택할 수 있는 옵션 중에서 가장 높은 고립 수준은?

① REPEATABLE READ
② READ COMMITTED
③ SERIALIZABLE
④ READ UNCOMMITTED

● 해설 : ①, ③번

READ COMMITTED 〈 READ UNCOMMITTED 〈 REPEATABLE READ 〈 SERIALIZABLE 이 순으로 고립수준이 높음.

● 관련지식 ●

• READ COMMITTED
데이터를 읽을 때는 공유 잠금이 유지되도록 해서 커밋되지 않은 데이터 읽기가 이루어지지 않도록 지정하지만, 트랜잭션이 끝나기 전에 데이터가 변경되어 반복하지 않는 읽기 또는 팬텀 데이터가 만들어질 수 있음. 이 옵션이 보통 DBMS(오라클, SQL Server 등)의 기본값임.

• READ UNCOMMITTED
불필요한 읽기나 격리 수준 0을 구현함. 이렇게 하면 공유 잠금이 만들어지지 않고 단독 잠금이 무시됨 이 옵션을 설정하면 커밋되지 않은 데이터나 불필요한 데이터를 읽을 수 있습니다. 데이터의 값이 변경될 수 있으며 트랜잭션이 끝나기 전에 데이터 집합에 행이 나타나거나 사라질 수도 있음. 이 옵션은 트랜잭션에서 모든 SELECT 문의 모든 테이블에 NOLOCK을 설정하는 것과 같음. 네 가지 격리 수준 중 제한이 가장 적다고 할 수 있음.

• REPEATABLE READ
쿼리에서 사용되는 모든 데이터에 잠금을 배치해 다른 사용자가 데이터를 업데이트할 수 없도록 하지만, 다른 사용자가 데이터 집합에 새 허위 행을 삽입해 현재 트랜잭션의 이후 읽기에 포함될 수 있도록 함. 병행성이 기본 격리 수준보다 낮기 때문에 필요할 때만 이 옵션을 사용하도록 해야 함.

• SERIALIZABLE
데이터 집합에 범위 잠금을 배치해 트랜잭션이 완료될 때까지 다른 사용자가 행을 업데이트하거나 데이터 집합에 삽입할 수 없도록 함. 네 가지 격리 수준 중 제한이 가장 많음. 병행성이 더 낮기 때문에 필요할 때만 이 옵션을 사용하도록 해야함. 이 옵션은 트랜잭션의 모든 SELECT 문의 모든 테이블에 HOLDLOCK을 설정하는 것과 같음.

다음 데이터베이스 로킹 단위(locking granularity) 중 병행수행의 정도가 가장 높은 것은?

① 데이터베이스
② 릴레이션
③ 필드(Field of a Record)
④ 레코드

● 해설 : ③, ④번

로킹의 단위는 데이터베이스 〈 릴레이션(파일) 〈 투플(레코드) 〈 속성(필드) 순으로 강력함.

● 관련지식 ●●

• 데이터베이스 LOCK의 강도

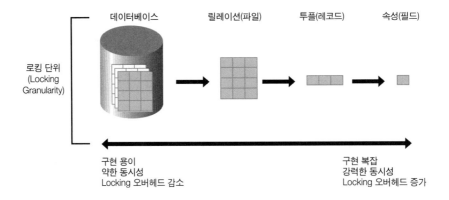

동시성 제어(concurrency control)에 대한 설명 중 적합하지 <u>않은</u> 것은?

① 동시성 제어는 다중 사용자 환경에서 데이터 무결성을 유지하기 위한 프로세스이다.
② 잠금(locking)은 동시적 트랜잭션들이 서로 간섭하지 않도록 고립화하여 트랜잭션을 처리하기 위한 제어 매커니즘이다.
③ 버전화(versioning)는 각 트랜잭션이 레코드를 변경하고자 할 때 기존의 레코드를 덮어쓰는 대신 새로운 레코드 버전을 생성하도록 하는 접근방법이다.
④ 배타적 잠금이란 다른 트랜잭션이 레코드나 기타 자원을 읽을 수는 있으나 갱신하지 못하도록 하는 잠금유형이다.

● **해설 :** ④번

배타적 잠금이란 다른 트랜잭션이 레코드나 기타 자원을 읽을 수는 있으나 갱신하지 못하도록 하는 잠금유형이다. → 배타적 잠금은 읽을 수도 없고 수정할 수도 없는 잠금유형임.

● **관련지식** ●

• **종 류** : 공유잠금(Shared Lock), 읽기잠금
• **발생되는 때** : SELECT
• **지속시간** : SELECT가 끝나면 바로 풀림.
• **특 성**
　다른 잠금과 공유된다. 배타적 잠금을 함께 걸릴 수 없음.
　배타적잠금(Exculsive lock), 읽기/쓰기잠금
　INSERT, UPDATE, DELETE
　트랜잭션이 끝날 때 풀림.
　다른 잠금과 함께 걸릴 수 없음.

분산데이터베이스에서 트랜잭션을 완료하기 위한 프로토콜이 필요한데 완료 프로토콜에 대한 설명으로 올바르지 않은 것은?

① 트랜잭션의 원자성을 보장하기 위하여 필요하다.
② 2단계 완료 프로토콜은 투표(Voting)단계와 결정(Decision)단계로 나누어진다.
③ 2단계 완료 프로토콜은 조정자가 고장이 나더라도 참여자들의 정보를 가지고 결정을 내릴 수 있다.
④ 3단계 완료 프로토콜은 조정자가 고장이 나더라도 참여자들이 협력하여 결정을 할 수 있는 비블록킹(Non-Blocking)규약이다.

● **해설 :** ③번

③ 2단계 완료 프로토콜은 조정자가 고장이 나더라도 참여자들의 정보를 가지고 결정을 내릴 수 있다.
→ 조정자가 고장이 나면 활동 사이트들은 고장난 조정자가 회복할 때까지 기다려야 함(블록킹 문제 발생)

④ 3단계 완료 프로토콜은 조정자가 고장이 나더라도 참여자들이 협력하여 결정을 할 수 있는 비블록킹(Non-Blocking)규약이다. → 3단계 완료 프로토콜(3PC)에서는 조정자의 고장에도 불구하고 예비 완료 결정의 지식이 완료하는데 사용될 수 있음.

● **관련지식** ●

• **분산 트랜잭션의 완료 규약**
  – 사이트에 걸쳐 원자성을 보장하기 위해 완료 규약이 사용됨.
  – 여러 사이트에서 실행되는 트랜잭션은 모든 사이트에서 완료되든지 중단되어야 함.
  – 트랜잭션이 한 사이트에서는 완료되고 다른 사이트에서는 중단될 수 없음
  – 2단계 완료(2PC)규약이 널리 사용됨.
  – 3단계 완료(3PC)규약은 보다 복잡하고 비용이 많이 들지만, 2PC의 단점을 보완함.

2단계 로킹(Locking) 프로토콜을 사용하여 트랜잭션들을 스캐듈링할 때 교착상태(Deadlock)가 발생할 수 있다. 이 때 교착상태가 발생하기 위한 조건으로 옳지 않은 것은?

① 상호배제(Mutual Exclusion)
② 선점(Preemption)
③ 소유하고 대기(Hold and Wait)
④ 환형대기(Circular Wait)

● 해설 : ②번

　② 선점(Preemption)방식이 아닌 비선점 방식임.

● 관련지식 ●●

• 교착상태 발생 조건

구분	내용
상호배제 (Mutual exclusion)	프로세스들이 자원을 배타적으로 점유하여 다른 프로세스가 그 자원을 사용할 수 없음
점유와 대기 (Block and Wait)	프로세스가 어떤 자원을 할당 받아 점유하고 있으면서 다른 자원을 요구
비선점 (Non-Preemption)	프로세스에 할당된 자원은 사용이 끝날 때까지 강제로 빼앗을 수 없으며 점유하고 있는 프로세스 자신만이 자원을 해제할 수 있음
환형대기 (Circular Wait)	프로세스간의 자원 요구가 하나의 원형을 구성

다음 트랜잭션 T1, T2, T3를 병행 수행한 경우에 A에 대한 모든 결과 값들을 나타낸 것은?
(여기서 A는 데이터베이스에 있는 임의의 항목이며 초기값은 0이다.)

> T1 : A에 1을 더한다.
> T2 : A를 2배로 한다.
> T3 : A값을 스크린에 나타낸 후 1을 만들어라.

① 1, 2, 3, 4
② 1, 2, 3
③ 2, 3, 4, 5
④ 2, 3, 4

● 해설 : ①번

병렬 수행이므로 각각을 순서를 섞어서 계산하면 됨.

레벨 1	레벨2	레벨3	결과값	최종 결과 값
T1 수행	T2 수행	T3 수행	1 → 2 → 1	1, 2, 3, 4
	T3 수행	T2 수행	1 → 1 → 2	
T2 수행	T1 수행	T3 수행	0 → 1 → 1	
	T3 수행	T1 수행	0 → 1 → 1	
T3 수행	T1 수행	T2 수행	1 → 2 → 4	
	T2 수행	T1 수행	1 → 2 → 3	

트랜잭션의 병행 제어를 위해 사용하는 로킹 규약(locking protocol)중에서 잘못된 것을 2개 고르시오.

① 트랜잭션 T가 read(x)에 대한 연산을 수행하는 경우에는 lock(x) 연산을 실행하지 않아도 된다.
② 트랜잭션 T가 실행한 lock(x)에 대해서는 T가 모든 실행을 종료하기 전에 반드시 unlock(x) 연산을 실행해야 한다.
③ 트랜잭션 T는 다른 트랜잭션에 의해 이미 x가 lock에 걸려 있으면 다시 lock(x)을 실행시키지 못한다.
④ 트랜잭션 T는 x에 lock을 자기가 걸어 놓지 않았더라도 unlock(x)을 실행할 수 있다.

● 해설 : ①번, ④번

　①번 read(x)에 대해서 공유 락(Shared Lock)을 걸어야 함.
　④ 자기가 걸어놓은 lock에 대해서 unlock을 수행할 수 있음.

● 관련지식 ●

• 잠금힌트 (Lock Hints)
　– 잠금은 필요에 따라 자동으로 상향된다.
　– 필요에 따라 이를 수동으로 지정할 수 있음.
　BEGIN TRAN
　　SELECT * FROM titles WITH
　　(REPEATABLEREAD)
　COMMIT TRAN
• 잠금힌트 사용시 고려사항
　– 잠금힌트는 트랜잭션 고립화 수준(세션옵션)보다 더 우선시 된다
　– 잠금힌트 옵션
　NOLOCK, READUNCOMMITED, READCOMMITED, REPEATABLEREAD,
　SERIALIZABLE, HOLDLOCK, ROWLOCK, PAGLOCK, TABLOCK, UPDLOCK,
　READPAST

트랜잭션의 수행시 정의되는 독립성 레벨(isolation level)에 따라 다른 트랜잭션이 접근한 또는
접근하고 있는 데이터에 대한 판독(read) 시점이 달라진다. 다음 중 독립성 레벨과 가능한 판독
연산의 유형을 가장 적절하게 표현하고 있는 것은?

	독립성 레벨 (Isolation level)	부정 판독 (Dirty reads)	비반복 판독 (Non-repeatable reads)	팬텀 (Phantoms)
①	Read uncommited	가능	가능	가능
②	Read Committed	불가능	가능	가능
③	Repeatable Read	불가능	불가능	가능
④	Serializable	불가능	불가능	불가능

● 해설 : ③번

　　③번만 정확하게 표현하였고 나머지는 불가능을 가능, 또는 가능을 불가능으로 표현함.

• Isolation vs Phenomena

Isolation level	Dirty reads	Non-repeatable reads	Phantoms
Read uncommited	가능	가능	가능
Read Committed	불가능	가능	가능
Repeatable Read	불가능	불가능	가능
Serializable	불가능	불가능	불가능

● 관련지식 ●

• Isolation vs Locks

사용자	Range Lock	Read Lock	Write Lock
Read Uncommited	X	X	X
Read Committed	X	X	V
Repeatable Read	X	V	V
Serializable	V	V	V

V means the method locks for the operation.

D07. 데이터베이스 성능

▌시험출제 요약정리 ▌

1) 성능(Performance)의 개념
   - Latency – Task가 완료되는데 걸리는 시간
   - Throughput – 단위 시간에 처리할 수 있는 Activity의 양
   - Performance – 각각의 Task들의 걸리는 시간

2) 성능(Performance)를 높이기 위한 고려사항
   - 하드웨어 증설(Scale-Up) : CPU, Memory 증설 등
   - 설계 변경(알고리즘, 데이터구조) : 데이터모델의 구조, 알고리즘 방법 등
   - 환경 변경 : 버퍼 크기, 체크 포인트 주기 등 파라미터 변경 등
   - 작업에 대한 병렬 처리(scale-out에 의한 병렬처리, 성능의 선형증가) : 서버 수의 증가 등
   - 반드시 해야 할 작업과 나중에 처리해도 되는 작업을 분리

3) 데이터베이스 튜닝의 일반적인 목표
   - 최소한의 디스크 입/출력
   - 메모리의 최대 활용
   - 최소의 페이지(블록) 이용
   - 자원 사용의 경합을 줄이는 것
   - 백업/복원 등의 큰 작업이 가능한 빨리 이루어져 서비스에 영향을 주지 않게 하는 것

4) 데이터베이스 설계 단계에서 튜닝 해야 할 사항
   - 데이터 정합성을 유지할 수 있는 대책을 마련하고, 성능을 위해 필요하다면 테이블, 컬럼, 관계에 대해 반정규화를 적용
   - 대용량 테이블의 경우 필요한 데이터에 대해서는 파티셔닝을 이용하여 테이블 분할을 검토
   - 이력을 관리해야 하는 테이블에 대해서는 필요하다면 시작과 종료나 현재 진행 상태 등을 명확하게 명시하여 SQL 문장의 실행 성능을 보장
   - 테이블 접근 유형에 따라 전체 스캔 방식과 B 트리 인덱스, 비트맵 인덱스, 클러스터링과

해싱 적용 등을 고려
- 테이블이 조회 작업이 주로 이루어지는지, 입력, 수정, 삭제 작업이 주로 이루어지는지를 고려하여 적당한 인덱스와 인덱스의 수를 지정
- 분산 데이터베이스를 적용했을 경우 원격 데이터베이스를 이용할 때 성능 저하가 예상된다면 스냅샷을 이용한 복제 테이블 생성 등을 고려
- 공통적으로 관리하는 데이터에 대한 접근이 빈번하다면 어플리케이션의 메모리에 상주시키고 함수를 사용하여 코드 변환을 하도록 유도
- PK는 일반적으로 지정된 순서를 복합 컬럼 인덱스를 지정하는 규칙에 따라 나열 FK에 대해서는 가급적 인덱스를 생성하여 전체 스캔이 발생하는 경우와 불필요하게 발생하는 잠금을 피함
- SYSTEM 테이블 스페이스에는 데이터를 관리하는 딕셔너리 정보만 포함하고, 일반 오브젝트는 저장하지 않도록 함
- 테이블을 위한 테이블 스페이스와 인덱스를 위한 테이블 스페이스를 분리
- 롤백 세그먼트에 대한 경합을 피하기 위해 롤백 세그먼트를 여러 개로 구성
- 자주 수정되거나 변경 또는 삭제되는 데이터는 별도의 테이블 스페이스를 만들어 생성

2004년 58번

데이터베이스의 성능을 위하여 물리적인 설계 부분을 정제하는 작업의 통칭에 가장 가까운 용어는?

① 분해(decomposition)
② 직렬화(serialization)
③ 데이터 웨어하우징(data warehousing)
④ 튜닝(tuning)

● **해설 :** ④번

데이터베이스의 성능을 위하여 물리적인 설계 부분을 정제하는 작업의 통칭을 튜닝이라 함.

● **관련지식** ●●●

1) 데이터베이스 튜닝이란?
 – 데이터베이스의 활용 성능을 최상/최적으로 만들기

2) 데이터베이스 튜닝의 구분
 – 데이터베이스 설계 튜닝 : 데이터베이스 설계 단계에서 성능을 고려하여 설계
 – 데이터베이스 환경 : 성능을 고려하여 메모리나 블록 크기 등을 지정
 – SQL 문장 튜닝 : 성능을 고려하여 SQL 문장을 작성

3) 데이터베이스 튜닝의 목적과 방향
 – 업무적인 환경과 시스템적 환경에 적합한 데이터베이스 파라미터를 설정한다.
 – 데이터베이스에 접근하는 SQL 문장은 가능한 한 디스크 블록에 최소로 접근하도록 한다.
 – 디스크 블록에서 한번 읽은 데이터는 가능하면 메모리 영역에 보관한다.
 – 모든 사용자의 SQL 문장은 공유 가능하도록 명명 표준을 준수하여 작성한다.
 – 잠금이 최소가 되도록 한다.

데이터베이스 성능 개선을 위한 튜닝에서 일반적으로 가장 많이 실시하는 튜닝 작업이 <u>아닌 것</u>은?

① 인덱스 튜닝　　② 개념 스키마 튜닝
③ 질의와 뷰 튜닝　④ 데이터 무결성 튜닝

● 해설 : ④번

데이터 무결성 튜닝이라는 용어는 없음.

● 관련지식 ••

• 성능 개선 접근방법은 다음과 같이 서버튜닝 → 환경튜닝 → 어플리케이션 튜닝으로 구성이 됨.

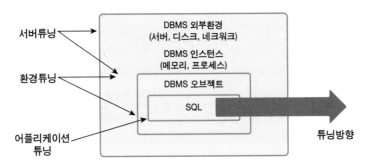

DBMS의 성능 측정을 위한 벤치마킹에 대한 설명 중 **틀린** 것은?

① TPC에서 만든 측정 방법으로는 TPC-A, TPC-B, TPC-C 등이 있다.
② TPC-C의 경우 tpmC, price/tpmC 등의 결과를 볼 수 있다.
③ 성능이 문제가 될 때는 tpmC 값 비교표를 보고, 가장 높은 값을 가진 시스템을 선택하면 된다.
④ 벤치마크 결과를 참고하여 데이터웨어하우스, 인터넷 응용 등에 따라 적절한 DBMS를 선택한다.

● 해설 : ③번

성능이 문제가 될 때는 tpmC는 너무 CPU의존적이어서 종합적인 트랜잭션의 성능을 고려하는데 일부분의 고려요소만 강조되는 불합리성이 존재함. 따라서 tpmC만 가지고 비교하면 안됨.

● 관련지식 •••

1) TPC-A : 시스템 온라인 처리 성능평가, 현재 사용되고 있지 않음.

2) TPC-B : 데이터베이스 성능테스트, DBMS의 성능만 테스트, 현재 사용되고 있지 않음.

3) TPC-C : 온라인 트랜잭션 처리(OLTP) 시스템의 성능과 확장성을 측정, 산업 표준 벤치마크 테스트

4) TPC-D : 대용량 DB에서 복잡하고 비정형적인 SQL과 Batch 업무를 처리하는 데이터베이스시스템 성능을 측정하는 벤치마크 테스트

데이터베이스 질의(Query)를 최적화할 때 고려해야 할 사항 중 <u>가장 거리가 먼 것은?</u>

① 하드디스크에 접근하는 시간 비용
② 질의 처리 중간에 발생하는 임시 파일 저장 비용
③ 질의 계산 시간 및 메모리 비용
④ 원본 테이블의 정규화 비용

● 해설 : ④번

정규화와 반정규화에 대한 성능 고려는 설계단계 말에 설계적인 측면에서 고려하는 부분인지 데이터베이스 질의 최적화기가 판단하는 내용은 아님.

● 관련지식 •

• 질의처리 절차
단계1 – 사용자 질의를 처리하기에 적합한 내부표현 형태로 변환 (parsing)
단계2 – 보다 실행 효율을 높일 수 있는 질의표현 형태 논리적 질의 변환(logical query transformation)
단계3 – 후보 접근계획(alternative access plan) 생성
단계4 – 비용 평가를 기반으로 최소 비용의 접근계획을 선택

데이터베이스에서 데이터의 빠른 검색을 위해 해싱(Hashing)을 사용한다. 해싱을 효율적으로 사용하기 위해서는 해쉬 함수(Hash Function)를 잘 선택해야 한다. 아래 데이터를 대상으로 할 때 가장 효율적인 해쉬 함수를 순서대로 나열한 것은?

– 데이터 테이블

Key1	product_id	type_id	data
1	12	1	aa
2	12	2	aa
3	14	13	cc
4	13	4	dd

– 해쉬함수

가. h(x) = product_id % 10 + type_id % 2
나. h(x) = product_id + type_id
다. h(x) = product_id * 2 + type_id % 4

① 가 〉 나 〉 다
② 가 〉 다 〉 나
③ 다 = 나 〉 가
④ 나 〉 가 = 다

● **해설 :** ④번

각각의 해쉬함수에 key 값을 대입하여 나온 해싱값이 서로 달라야 충돌이 없고 효율적인 해쉬 함수라 할 수 있음. %=나머지, +:더하기, * : 곱하기

가	나	다
key 1: 3 key 2: 2 key 3: 5 key 4: 3 → key 1 과 key 4 가 해쉬값이 같아 서로 충돌함	key 1: 13 key 2: 14 key 3: 27 key 4: 17 → 해쉬값이 전부 달라 충돌이 없음	key 1: 25 key 2: 26 key 3: 29 key 4: 26 → key 2 와 key 4 의 해쉬값이 같아 서로 충돌함

나 〉 가=다

데이터베이스 시스템의 성능 튜닝에 관한 설명 중 <u>가장 거리가 먼 것은?</u>

① 하드웨어에 관해 수행하여 CPU, 디스크, 메모리 등을 증설한다.
② 버퍼 크기, 체크 포인트 주기 등 매개변수들을 조정한다.
③ 조인 연산은 질의 처리에서 가장 시간이 많이 소요되는 연산 중 하나이므로, 성능이 나쁜 질의들을 중점적으로 분석한다.
④ 배치 작업과 온라인 작업을 동시에 수행하여 시스템의 활용도를 높인다.

● 해설 : ④번

배치 작업과 온라인 작업을 동시에 수행하여 시스템의 활용도를 높인다. → 활용도 측면에서는 좋아 질 수 있으나 성능측면에서는 나빠질 수 있기 때문에 오히려 작업의 선후관계를 통해 자원을 단일 작업에서 최대한 이용하도록 배분하는 것이 성능향상에 더 좋은 방법이 됨.

● 관련지식 ●●●

1) 성능(Performance)의 개념
   – Latency – Task가 완료되는데 걸리는 시간
   – Throughput – 단위 시간에 처리할 수 있는 Activity의 양
   – Performance – 각각의 Task들의 걸리는 시간

2) 퍼포먼스 높이기 위한 고려사항
   – 하드웨어 증설(Sacle-Up) : CPU, Memory 증설 등
   – 설계 변경(알고리즘, 데이터구조) : 데이터모델의 구조, 알고리즘 방법 등
   – 환경 변경 : 버퍼 크기, 체크 포인트 주기 등 파라미터 변경 등
   – 작업에 대한 병렬 처리(scale-out에 의한 병렬처리, 성능의 선형증가) : 서버 수의 증가 등
   – 반드시 해야 할 작업과 나중에 처리해도 되는 작업을 분리

3) 데이터베이스 튜닝의 일반적인 목표
   – 최소한의 디스크 입/출력
   – 메모리의 최대 활용
   – 최소의 페이지(블록) 이용
   – 자원 사용의 경합을 줄이는 것
   – 백업/복원 등의 큰 작업이 가능한 빨리 이루어져 서비스에 영향을 주지 않게 하는 것

다음 관계형 데이터베이스의 SQL 질의문 튜닝(Tuning)에 관한 설명 중 **틀린** 것은?

① SQL 질의에 DISTINCT 키워드는 꼭 필요할 때 사용한다.
② 질의의 조건이 복잡할 경우에는 임시 테이블을 이용하여 중간 결과를 저장한다.
③ 불필요한 GROUP-BY연산이나 HAVING 연산은 사용하지 않는다.
④ 가능한 중첩(Nested) SQL 질의를 사용하지 않는다.

● 해설 : ②번, ④번

　원래 정답은 ②번에 대해서만 표현되었으나, 중첩(Nested) SQL이 반드시 느리지 않기 때문에 ④번도 틀렸다고 할 수 있음.
　임시 테이블을 사용하여 중간 결과를 저장하는 것이 성능을 향상 시키는 요인이 아님. 이것 보다는 통계 성 정보 조회의 경우 임시 테이블이 아닌 집계성 테이블을 만들어 조회에 제공한다면 성능 향상에 도움이 될 수 있음.
　가능한 중첩(Nested) SQL 질의를 사용하지 않는다 → 조건에 따라 중첩(Nested) SQL 질의를 사용하는 것이 성능에 좋음 .

　• 중첩(Nested) SQL 질의

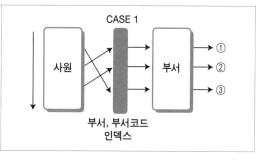

수행순서 : 드라이빙 테이블에 따라 성능차이 많음
① 사원 테이블을 FULL SCAN
② 사원 테이블에서 읽은 부서코드를 이용하여 부서.부서코드 인덱스를 Unique Scan
③ 인덱스 읽은 결과를 이용하여 부서코드 테이블을 읽는다
④ 사원, 부서 테이블을 조인한다.

● 관련지식 •

　• 조인(Join)
　　– 두 집합(테이블) 간의 곱으로 데이터를 연결하는 가장 대표적인 데이터 연결 방법
　　– 종류에는 Nested-Loop Join, Sort-Merge Join, Hash Join 등이 있음
　　– 어떤 조인 방향이나 조인 방법을 선택할 지라도 결과 집합은 동일하나,
　　– 조인하고자 하는 두 집합의 데이터 상황에 따라 조인방향, 조인방법에 따라 수행속도 영향 큼.

일반적으로 자료의 검색 속도가 가장 빠르다고 볼 수 있는 것은?

① 순차 파일(Sequential File)
② 해시 파일(Hash File)
③ 색인 순차 파일(Indexed Sequential File)
④ 힙 파일(Heap File)

● 해설 : ②번

해싱 함수(hashing function)을 이용하여 키 값을 주소 (hashed address) 로 변환하고, 키에서 변환된 주소에 레코드를 저장하여, 레코드의 주소를 구해 직접 접근 → 빠른 접근 시간을 확보 할 수 있음.

● 관련지식 •••

1) 해싱(Hashing) 개념
 – 원소 값으로 부터 직접 저장 원소의 위치를 계산할 수 있는 테이블 구조를 통해 탐색, 삽입 제거하는 방법

2) 해싱(Hashing)의 특징
 – 빠른 검색 속도
 – 충돌이 많이 발생하면 Overflow 처리가 많아져서 기억 장소의 낭비가 심화됨.

3) 해싱의 개념

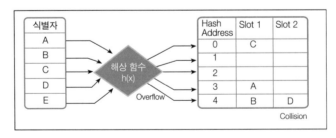

데이터베이스 설계 단계의 튜닝과정에서 고려해야 할 사항에 대한 설명과 관계가 <u>없는</u> 것은?

① 성능향상을 위한 테이블, 속성, 관계에 대한 반정규화(Denormalization)
② 대용량 테이블의 경우, 파티셔닝을 이용한 테이블 분할
③ 분산 데이터베이스의 경우 스냅샷을 이용한 복제 테이블 생성
④ 성능향상을 위해 롤백 세그먼트를 하나로 통합하여 구성

● 해설 : ④번

롤백 세그먼트를 하나로 통합하여 구성하는 것은 성능향상과 무관하며 오히려 장애에 대비하여 취약한 구조가 될 수 있음.

● 관련지식 •••

• 데이터베이스 설계 단계에서 튜닝 해야 할 사항
  - 데이터 정합성을 유지할 수 있는 대책을 마련하고, 성능을 위해 필요하다면 테이블, 컬럼, 관계에 대해 반정규화를 적용
  - 대용량 테이블의 경우 필요한 데이터에 대해서는 파티셔닝을 이용하여 테이블 분할을 검토
  - 이력을 관리해야 하는 테이블에 대해서는 필요하다면 시작과 종료나 현재 진행 상태 등을 명확하게 명시하여 SQL 문장의 실행 성능을 보장
  - 테이블 접근 유형에 따라 전체 스캔 방식과 B 트리 인덱스, 비트맵 인덱스, 클러스터링과 해싱 적용 등을 고려
  - 테이블이 조회 작업이 주로 이루어지는지, 입력, 수정, 삭제 작업이 주로 이루어지는지를 고려하여 적당한 인덱스와 인덱스의 수를 지정
  - 분산 데이터베이스를 적용했을 경우 원격 데이터베이스를 이용할 때 성능 저하가 예상된다면 스냅샷을 이용한 복제 테이블 생성 등을 고려
  - 공통적으로 관리하는 데이터에 대한 접근이 빈번하다면 어플리케이션의 메모리에 상주시키고 함수를 사용하여 코드 변환을 하도록 유도
  - PK는 일반적으로 지정된 순서를 복합 컬럼 인덱스를 지정하는 규칙에 따라 나열 FK에 대해서는 가급적 인덱스를 생성하여 전체 스캔이 발생하는 경우와 불필요하게 발생하는 잠금을 피함
  - SYSTEM 테이블 스페이스에는 데이터를 관리하는 딕셔너리 정보만 포함하고, 일반 오브젝트는 저장하지 않도록 함
  - 테이블을 위한 테이블 스페이스와 인덱스를 위한 테이블 스페이스를 분리
  - 롤백 세그먼트에 대한 경합을 피하기 위해 롤백 세그먼트를 여러 개로 구성
  - 자주 수정되거나 변경 또는 삭제되는 데이터는 별도의 테이블 스페이스를 만들어 생성

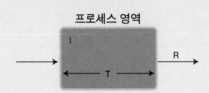

2009년 56번

비즈니스 프로세스 모델의 흐름분석(Flow Analysis)과 성능측정(Performance Measure)을 수행하는데 있어서, 어느 특정 프로세스의 성능을 결정짓는 핵심요소는 평균흐름시간(Average Flow Time: T)과 단위시간당 평균처리 수(Throughput: R), 그리고 평균재고 수(Average Inventory: I)이다. 이들 핵심성능 요소들 간의 상호 관계를 나타내는 Littl's Law관계식을 바르게 나타낸 것은?

프로세스 영역

①I = R x T
②R = I x T
③I = R / T
④R = T / I

● 해설 : ①번

리틀의 법칙(Little's Law) : 평균 흐름율(throughput)과 평균재고로부터 평균흐름시간을 계산하는 방식

1. 평균적으로, 보통 흐름단위 하나가 프로세스 경계 내에서 얼마나 긴 시간을 보내는가?
   - 평균흐름시간 = T
2. 평균적으로, 단위시간 동안에 얼마나 많은 흐름단위가 프로세스를 거쳐 통과하는가?
   - 평균흐름율 = R
3. 평균적으로, 어느 한 시점에서 프로세스 내에 얼마나 많은 흐름단위가 존재하는가?
   - 평균재고 = I
- 평균재고(I) = 평균흐름율 (R) ′ 평균흐름시간(T) 또는 I = R x T

● 관련지식 •

- Little Queuing Theory
  Little's Law : 정상상태에서 시스템 내에 있는 고객의 평균수는 고객의 평균 도착률과 고객의 시스템 내 평균 대기시간의 곱으로 주어짐.

데이터베이스(database) 설계 단계에서 성능을 고려하여 설계하여야 한다. 설계 단계에서 성능을 높이기 위해 고려해야 할 사항 중에 가장 적절하지 않은 것은?

① 시스템 테이블스페이스(Tablespace)에는 데이터를 관리하는 딕셔너리(dictionary)정보와 일반 오브젝트(object)정보를 함께 저장한다.

② 대용량의 테이블의 경우 필요한 데이터에 대해서는 파티셔닝을 이용하여 테이블 분할을 검토한다.

③ 분산 데이터베이스를 적용했을 경우 원격 데이터베이스를 이용할 때 성능 저하가 예상된다면 스냅샷(snapshot)을 이용한 복제 테이블 생성 등을 고려한다.

④ 테이블이 조회를 주로 하는지 입력, 수정, 삭제 작업이 주로 발생하는지를 고려하여 적당한 인덱스(index)개수를 지정한다.

● 해설 : ①번

데이터베이스를 좀 하는 사람은 쉬운 문제이겠지만, 학습만 하는 사람은 헷갈릴 수 있는 문제 유형임. 시스템테이블스페이스에는 사용자가 정의한 데이터를 위치시키지 않고 딕셔너리 정보만을 저장하는 것이 효율적임 구조임.

D08. 데이터베이스 종류

1) 분산 데이터베이스 개념
 - 정의 : 여러 곳으로 분산되어있는 데이터 베이스를 하나의 가상 시스템으로 사용할 수 있도록 한 데이터베이스
 - 논리적으로 동일한 시스템에 속하지만, 컴퓨터 네트워크를 통해 물리적으로 분산되어 있는 데이터들의 모임. 물리적 Site 분산, 논리적으로 사용자 통합·공유

2) 분산 데이터베이스의 구조

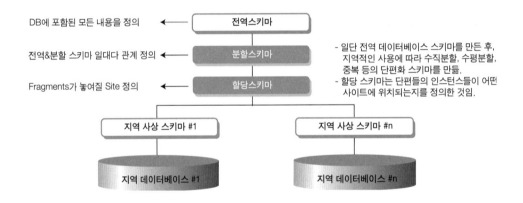

3) 분산 데이터베이스의 투명성(Transparency)

 가. 분할 투명성 (단편화)
  - 하나의 논리적 Relation이 여러 단편으로 분할되어 각 단편의 사본이 여러 site에 저장
  - 장점 : Workload 분산으로 통신망이나 공통 서비스의 Bottle Neck 방지, 시스템 성능 향상 효과
  - 단점 : Fragmentation을 위한 충분한 설계 기술 필요

나. 위치 투명성
- 사용하려는 Data의 저장 장소 명시 불필요. 위치정보가 System Catalog에 유지되어야 함
- 장점 : Application logic 간단, Data는 site간 이동이 자유로움
- 단점 : Data 이중처리로 속도 저하, 저장공간낭비

다. 지역사상 투명성 : 지역DBMS와 물리적 DB사이의 Mapping 보장.
- 장점 : 기존 Local DB 기반으로 하여 상향식으로 점진적 확정이 가능
- 단점 : 이질 시스템간 구현 복잡

라. 중복 투명성 : DB 객체가 여러 site에 중복 되어 있는지 알 필요가 없는 성질
- 장점 : 질의응답 성능 개선, Data 일관성 유지는 사용자와 무관하게 시스템이 수행
- 단점 : 갱신전파 overhead, 추가 기억 공간 필요

마. 장애 투명성 : 구성요소(DBMS, Computer)의 장애에 무관한 Transaction의 원자성 유지
- 분산 DB는 중앙집중방식보다 훨씬 복잡함
- 사유 : 개별 지역 시스템의 손상, 통신망의 실패, 분산 실행(2PC) => 각각 복구 방법 다름

바. 병행 투명성 : 다수 Transaction 동시 수행 시 결과의 일관성 유지
- Time Stamp, 분산 2단계 Locking을 이용 구현

4) 메인 메모리 DB (MMDB, Main Memory DB) 의 개념
- 데이터베이스 전체를 주기억 장치에 상주 시킨 데이터베이스
- 서버가 부팅됨과 동시에 데이터베이스 전체를 메인 메모리에 상주시킨 후, 데이터베이스 연산을 수행하는 시스템

5) 메인 메모리 DB 구조

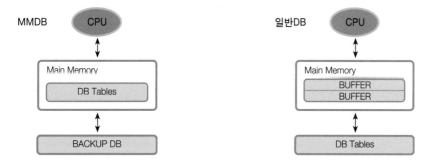

6) 메인 메모리 DB와 디스크 기반 DB의 비교

구 분	디스크 기반 DB	메인 메모리 DB
데이터저장장치	디스크	메인메모리
운영목표	데이터의 안정적 운영	트랜잭션의 빠른 수행
동시성제어	데이터 접근 트랜잭션 중심	인덱스에 대한 동시성 제어
처리속도	1배 (DB 연산 + 데이터 전송 연산)	10∼500배 빠름 (DB 연산 시간)
Backup 매체	Disk	Disk
Indexing 알고리즘	B tree, B+ tree	Hashing, T-tree
Size 제한	하드 디스크 Size	Physical Memory Size
회복기법	Undo / Redo로 로그 관리	하드웨어적인 회복 기법

2005년 57번

다음 공간 데이터베이스를 위한 공간 인덱싱(spatial indexing) 기법 중에서 점(point) 뿐만 아니라 선(line), 다각형(polygon) 객체를 모두 지원할 수 있는 것은?

① R-트리
② MX(MatrixX) 쿼드 트리(quadtree)
③ K-D 트리(K-dimensional tree)
④ K-D-B 트리(K-dimensional-balanced tree)

● **해설 : ①번**

  R-Tree는 다차원의 특징을 갖는 데이터를 색인 = 선, 면, 도형 등 다양한 다차원 공간 데이타 저장 가능

● **관련지식 •••**

- R-Tree 특징
  - 다차원의 특징을 갖는 데이터를 색인 = 선, 면, 도형 등 다양한 다차원 공간 데이타 저장 가능
  - 높이 균형(height-balanced) 트리
  - 노드는 디스크 페이지에 대응
  - 각 노드와 객체는 mbr (minumum bounding rectangle) 또는 mbb (minimum boudning box)에 의해서 표현
  - 트리는 mbr들 간의 포함관계로 표현됨
  - 동적 인덱스 : 삽입과 삭제가 탐색과 함께 서로 사용되고 주기적인 재구성이 필요하지 않음.

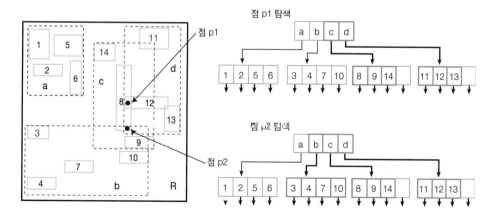

다음 중 분산 데이터베이스 시스템의 단점이 아닌 것은?

① 소프트웨어 개발 비용 증가 ② 점증적 시스템 용량 확장
③ 오류의 잠재적 증대 ④ 처리 비용의 증대

● 해설 : ②번

점증적 시스템 용량 확장은 장점에 해당함.

장 점 (빠르고, 가용성 좋음)	단 점(비용증가, 무결성 위험)
빠른 속도, 통신비 절감 데이터의 가용성 및 신뢰성 (Replication) 시스템 규모의 적정한 조절 (용량 확장) 지역 업무에 대한 책임 한계 명확	S/W 설계 및 관리의 복잡성과 비용증가 데이터 무결성 위험(오류) 다양한 자원에 따른 구축 비용 증가 통신망에 따른 제약사항

● 관련지식 ••

1) 분산 DB의 정의
- 하나의 논리적 데이터베이스가 통신 네트워크로 연결된 여러 컴퓨터에 물리적으로 저장되어 관리되는 데이터베이스
- 각각의 컴퓨터에는 지역 데이터베이스 관리시스템 (Local DBMS) 과 분산 데이터베이스 관리 시스템 (Distributed DBMS) 을 내장하고 있음.

• 분산 DB의 목적
- 데이터 처리의 지역화 : 통신비용의 감소 및 데이터 처리 집중화 방지
- 데이터 운영 및 관리의 지역화 : 데이터에 대한 이해도가 높은 집단이 관리
- 데이터 처리 부하의 분산 및 병렬 데이터 처리 : 데이터 처리 속도 향상
- 데이터의 가용도와 신뢰성 향상 : 데이터를 복제

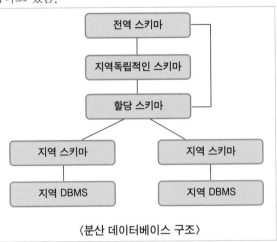

〈분산 데이터베이스 구조〉

분산 데이터베이스에 저장된 릴레이션이 중복될 때 얻어지는 장점으로 **틀린** 것은?

① 릴레이션 갱신 시 성능 증대
② 읽기 전용 트랜잭션의 가용성 증가
③ 사이트간의 데이터 이동 최소화
④ 사이트 고장 시 질의 처리 원활

● 해설 : ①번

데이터가 여러 군데 중복되어 있기 때문에 갱신 노력(처리 비용)이 많이 소요됨. 즉 성능이 저하됨.

● 관련지식 ●●

• 분산 데이터베이스의 투명성

특 성	주 요 개 념
위치 투명성 (Location Transparency)	• 사용자나 응용 프로그램이 접근할 데이터의 물리적 위치를 알아야 할 필요가 없는 성질 • 이를 보장하기 위해 DBMS는 Distributed Data Dictionary/Directory가 필요
복제 무관성 (Replication Transparency)	• 사용자나 응용 프로그램이 접근할 데이터가 물리적으로 여러 곳에 복제되어 있는지의 여부를 알 필요가 없는 성질
병행 무관성 (Concurrency Transparency)	• 여러 사용자나 응용 프로그램이 동시에 분산 데이터베이스에 대한 트랜잭션을 수행하는 경우에도 결과에 이상이 발생하지 않는 성질 • Locking, 타임스탬프순서 기법 이용
분할 투명성 (Partition Transparency)	• 사용자가 하나의 논리적 릴레이션이 여러 단편으로 분할되어 각 단편의 사본이 여러 site에 저장되어 있음을 알 필요가 없는 성질
장애 무관성 (Failure Transparency)	• 데이터베이스가 분산되어 있는 각 지역의 시스템이나 통신망에 이상이 생기더라도, 데이터의 무결성을 보존할 수 있는 성질 • 2 PC (Phase Commit) 활용

분산 데이터베이스 구축을 위한 설계 방안이 아닌 것은?

① 단편화(Fragmentation) ② 할당(Allocation) ③ 격리(Isolation) ④ 중복(Replication)

● 해설 : ③번

분산 데이터베이스 구축에 격리라는 방식은 없는 설계 방식임.

● 관련지식 •••

- **전역 스키마(global schema)**
  - 논리적으로 하나의 스키마
  - 전역 릴레이션의 집합 Global Relations
- **단편화 스키마(fragmentation schema)**
  - 전역 릴레이션과 단편과의 사상을 정의
  - 전역 릴레이션을 분산을 위해 여러 개로 분할
  - 전역 릴레이션의 논리적 단위
- **할당 스키마(allocation schema) : 할당에 중복인지 비중복인지 결정함**
  - 단편들의 인스턴스들이 어떤 사이트에 위치해야 되는지를 정의
  - 중복인지 비중복인지 결정

다음 중 분산 데이터베이스의 질의 최적화를 위한 비용 산정의 고려대상에서 가장 거리가 먼 것은?

① 분산 질의 처리에 필요한 메시지(Message)의 개수
② 분산 질의 처리 중 전송되는 데이터의 크기
③ 선정 비율(Selectivity Factor)
④ 데이터 중복의 정도

● 해설 : ④번

분산질의 최적화를 위해 가장 중요한 사항은 통신상에 효율성을 고려하는 것임. 따라서 질의 처리의 조건이 되는 메시지, 전송되는 데이터 크기, 데이터의 분포도는 모두 질의 최적화를 위한 필수 요소라 할 수 있음. 데이터 중복의 정도는 질의 최적화기가 알 수 없는 정보임.

생물학 데이터를 다루는 생명정보학(Bioinfomatics)의 특성에 대한 설명 중 **틀린** 것은?

① 서로 다른 생물학자가 같은 시스템을 사용하더라도 같은 데이터를 표현하는 것이 일치하지 않는다.
② 생물학 데이터의 양과 변화의 범위는 매우 크지만, 생물학 데이터베이스의 스키마는 거의 변하지 않는다.
③ 대부분의 생물학 데이터 사용자에게는 데이터베이스에 대한 읽기 권한만 있으면 충분하다.
④ 대부분의 생물학자는 데이터베이스의 내부구조나 스키마 설계에 관해 모르는 경우가 많다.

● 해설 : ②번

지문을 보고 상식적으로 문제를 풀어갈 수 있는 문제임.
②번 지문에서 생물학 데이터의 변화에 따라 스키마 구조도 당연히 변경이 되어야 정보를 효유력으로 보관할 수 있게 됨.

● 관련지식 ●

• 생명정보학(Bioinfomatics)은 생물학적인 문제를 응용수학, 정보학, 통계학, 전산학, 인공지능, 화학, 생화학등을 이용하여 주로 분자 수준에서 다루는 학문임. 전산생물학의 연구분야는 시스템즈 생물학과 중복되기도 함. 주 연구분야는 서열정렬, 유전자 검색, 유전자 어셈블, 단백질 구조 정렬, 단백질 구조 예측, 유전자발현의 예측, 단백질간 상호작용, 진화모델 등 다양함(출처 : 위키백과)

지리정보시스템(GIS, Geographical Information System)에 대한 설명 중 **틀린 것은?**

① GIS 데이터는 대표적으로 점/선/다각형과 같은 지리객체를 표현하는 벡터(Vector) 데이터 와 점들의 배열로 표현하는 래스터(Raster) 데이터의 두가지 형태가 있다.
② 래스터 데이터 표현 방법에서 3차원 해발 데이터는 래스터 기반의 TIN(Triangular Irregular Network) 타입으로 저장된다.
③ GIS 응용에서 표본값이 없는 점들에 대해 해발 데이터를 구하는 경우에는 보간 (Interpolation) 연산을 이용한다.
④ 지도 제작상의 모델링을 위해 공간 데이터베이스를 개발하는 첫 단계는 2차 또는 3차 지 리정보를 디지털 형태로 획득하는 것이다.

● **해설 : ②번**

　　삼각불규칙망(Triangulated Irregular Network; TIN)은 지형을 분석할 때, 지표면이나 해저면을 나타내는 vector상의 표현으로, 3차원 상에서 x, y, z좌표를 연결하여 비정형적으 로 점과 선을 연결해서 서로 오버랩 되지 않도록 삼각형을 만들어 표현하는 것임.

● **관련지식** •

　　– GIS는 지리공간적으로 참조가능한 모든 형태의 정보를 효과적으로 수집, 저장, 갱신, 조정, 분석, 표현할 수 있도록 설계된 컴퓨터의 하드웨어와 소프트웨어 및 지리적 자료, 인적자원 의 통합체임.

구분	설명	관련기술
하드웨어	자료입력(디지타이져, 스캐너, CD 등), 자료처리 및 관리(PC, 워크스테이션), 자료출력(모니터, 프린터 등)의 세부분으로 구성	입력, 출력 처리
소프트웨어	GIS 데이터의 구축과 분석 등을 할수 있는 전문가중심의 ARCGIS, Smallworld 와 일반 사용자를 위한 ArcView, Mapinfo, AtlasGIS 등이 있음	Vector/Raster, GPS(Global Positioning System), OLAP(Online Analysis Processing), Expert 및 Fussy 기술
데이터	항공사진, 인공위성 영상, 지도 추출 도형 정보, 통계자료 추출 정보 등	대용량 공간 데이터의 처리 OODB, 지리연산 및 정보 출력, 공간질의, 비 공간질의, 멀티미디어, 하이퍼미디어 정보처리
인적자원	시스템 구축, 유지관리, 활용 등을 수행하는 인적자원	소프트웨어공학

구분	설명	관련기술
절차와 방법	GIS를 효율적으로 수행하기 위한 사용목표 및 구체적 목적에 따른 적절한 방법론, 절차, 구성내용 등	소프트웨어공학
네트워크	서버-클라이언트 구조로 바뀌는 중, 웹기반 GIS는 원격접속 및 분산접속이 가능하고 사용이 편리, 유지보수 편리, 멀티미디어 지원 가능, 다중사용자접속 등의 장점이 있음	광대역 통신망, 초고속 인터넷

다음 중 분산 데이터베이스에 대한 설명 중 옳지 <u>않은</u> 것은?

① 수평단편화를 고려할 수 있다.
② 위치투명성이란 동일한 데이터에 대한 여러 사본이 있다는 것을 감춰주는 기능이다.
③ 릴레이션들을 부분적으로 중복할 수 있다.
④ 질의수행 성능을 위해 세미조인을 고려할 수 있다.

● 해설 : ②번

'위치투명성이란 동일한 데이터에 대한 여러 사본이 있다는 것을 감춰주는 기능이다.'는 중복
투명성에 대한 설명임.
　① 수평단편화를 고려할 수 있다. →
　② 위치투명성이란 동일한 데이터에 대한 여러 사본이 있다는 것을 감춰주는 기능이다. → 중
　　복 투명성에 대한 설명임.
　③ 릴레이션들을 부분적으로 중복할 수 있다. → 중복할 수 있음.
　④ 질의수행 성능을 위해 세미조인을 고려할 수 있다. → 분산 환경에서 세미조인이 효과가
　　좋음.

● 관련지식 ●●

　• 데이터의 분할 전략

분할방식	내용
수평 분할 (Horizontal)	– 한 관계의 튜플을 분할. 둘 이상의 서로 다른 장소에 저장하는 것(RECORD별 분할) – 분할된 테이블들은 서로 중복되는 레코드들이 없도록 분할 – 여러 지역에서 유사한 업무를 수행하되 그 대상이 다른 경우에 유효 예) 제주지역 고객정보를 제주 전산실에 배치, 서울지역고객은 서울 전산실에 배치
수직 분할 (Vertical)	– 한 관계의 속성을 분할하여 둘 이상의 서로 다른 장소에 저장하는 것(FIELD별 분할) – 전역 테이블을 구성하는 속성들을 몇 개의 부분 집합으로 분할 – 수직 분할에 의한 테이블들은 조인 연산에 의하여 재결합이 가능하여야 함 – 수직 분할의 경우에는 중복된 속성들을 포함가능. – 서로 다른 지역의 업무에서 요구되는 데이터의 속성이 다른 경우 유효 예) 전기사용 고객정보 DB가 있을 경우 고객 기본사항은 중앙에 보관하고 변동사항은 해당 지 　　역에 배치시키는 방식
혼합(hybrid) Replication	– 수평 분할과 수직 분할을 혼합한 방법 – 동일한 데이터 사본을 둘 이상의 장소에 중복하여 저장하는 방법

GIS 데이터베이스 시스템과 같은 공간 데이터의 효율적 접근을 위한 인덱스는 다차원 데이터를 처리할 수 있어야 한다. 다음 중 공간 데이터에 적합한 인덱스 기법과 가장 거리가 먼 것은?

① B 트리
② K-D 트리
③ 쿼드(Quad)트리
④ R 트리

● 해설 : ①번

  공간 DB 인덱스는 K-D트리, 사분위(QUAD)트리, R트리가 있음.

● 관련지식 ●●●

  • 공간 Index 구조 : R 트리, R+ 트리, R* 트리, Grid File, K-D 트리, K-D-B 트리

시험출제 요약정리

1) 디스크 구성 이미지

디스크 전체 모습	원판의 구성
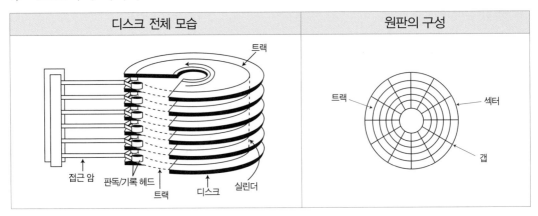	

2) 디스크 탐색 시간

탐색 시간(seek time) : 헤드를 해당 트랙으로 이동
회전 지연(rotational latency): 데이터가 포함된 섹터가 헤드 아래로 회전되어 올 때까지 대기
데이터를 전송 시간 : 데이터 전송
디스크 액세스 시간(access time) =
탐색 시간 + 회전 지연 + 데이터 전송시간

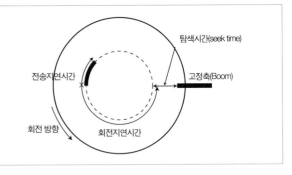

디스크 액세스 시간(access time) = 탐색 시간 + 회전 지연 + 데이터 전송시간
탐색시간 = s,
회전 지연시간 = r
데이터전송시간 = 트랙크기 / 데이터전송율 = x/t)

2007년 53번

디스크에서 원하는 데이터 블록(Block)을 찾아서 주기억 장치의 버퍼(Buffer)로 가져오는데 소요되는 전체 시간은 다음의 시간들을 합한 시간이다.
- 탐구시간(seek time : s)
- 회전지연 시간(rotational delay : r)
- 전송 시간(transfer time : t)
위의 시간들 중 오래 걸리는 순서대로 나열한 것은?

① s 〉t 〉r
② s 〉r 〉t
③ r 〉s 〉t
④ r 〉t 〉s

● 해설 : ②번

　　탐구시간이 가장 오래걸리고 회전지연시간 전송지연시간 순으로 오래 걸림.

● 관련지식 •

탐색 시간(seek time) : 헤드를 해당 트랙으로 이동
회전 지연(rotational latency): 데이터가 포함된 섹터가 헤드 아래로 회전되어 올 때까지 대기
데이터를 전송 시간 : 데이터 전송
디스크 액세스 시간(access time) = 탐색 시간 + 회전 지연 + 데이터 전송시간

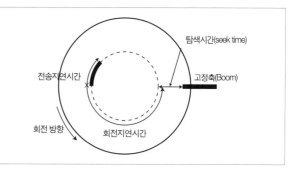

총 50종의 제품들을 전국에 분포한 10개의 상점에서 판매하고 있는 회사에서 일 단위 제품종별 매출액 정보를 저장하여 관리하고자 한다. 최대 2개월(60일) 동안의 매출액 변화 추이를 분석하기 위하여 제품, 시간, 상점 차원으로 구성된 스타스키마(Star Schema) 모델로 구축할 경우 사실(Fact) 테이블의 예상 크기는?

단, 각 차원(Dimension)은 5개의 속성으로 구성되고 이중 하나의 속성이 기본키로 정의되며 차원 및 사실 테이블의 속성의 크기는 모두 10Byte이다. 또한, 각 상점에서 하루에 평균 10개의 제품종이 판매된다.

① 최소 90KB ② 최소 180KB
③ 최소 240KB ④ 최소 480KB

● 해설 : ③번

FACT테이블은 각 디멘젼으로부터 PK를 받아 생성이 됨. 따라서 상점, 제품, 시간의 PK를 받아 자신의 PK로 생성이 되고 PK에 따른 매출액을 가지고 있어야 하는 최소한의 구성이 요구됨

따라서
용량 = 컬럼수x 하루발생 레코드
 4 x 6000 = 24000byte = 240kb

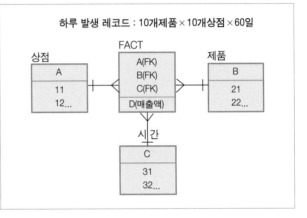

● 관련지식 ●●

1) Star Schema의 정의
  – 다차원 정보분석을 효과적으로 지원하는 모델링 기법
  – 사실테이블과 차원테이블 사이는 ER 다이어그램에서와 같이 관계 표시선을 연결하여 상호 간의 관계를 표시함 (관계형 DB설계 기법)

2) Star Schema의 특성
  – 정규화 되지 않음
  – Join 횟수로 인한 검색 Performance 향상

3) Star Schema의 데이터모델

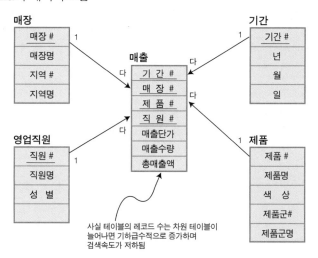

사실 테이블의 레코드 수는 차원 테이블이
늘어나면 기하급수적으로 증가하며
검색속도가 저하됨

다음과 같은 환경에서 직원 테이블 파일의 내용을 처음부터 끝까지 순차적으로 읽는데 걸리는 시간을 적절히 예측한 수식은? (단 디스크에 저장된 직원 테이블 파일의 내용은 트랙 단위로 물리적으로 연속되게 저장되어 있으나 트랙과 트랙간의 물리적인 연속성은 보장되지 않는다.)

> 직원 테이블 파일 크기 : p KB
> 평균 탐구 시간(Average Seek Time) : s sec
> 평균 회전지연 시간(Average Rotational Delay Time) : r sec
> 데이터 전송율 (Data Transfer Rate) : t KB/sec
> 트랙(Track) 크기 : x KB
> I/O 블럭(Block) 크기 : y KB

① s + r + p/tx   ② (s + r + x/t)(p/x)   ③ s + r + p/t   ④ (s + r + p/t)(p/x)

● 해설 : ②번

디스크 액세스 시간(access time) = 탐색 시간 + 회전 지연 + 데이터 전송시간
  – 탐색시간 = s,
  – 회전 지연시간 = r
  – 데이터전송시간 = 트랙크기 / 데이터전송율 = x/t)
이므로 = s+r+(x/t)가 디스크 액세스 시간임.
그런데 직원 데이터파일 크기가 pKB라고 하였으므로 디스크액세스 시간 * 액세스트랙의 수 (직원 데이터파일 / 트랙크기) 로 구할 수 있음.
따라서
파일을 읽는데 걸리는 시간은
  (s+r+(x/t)) * (p/x)   라 할 수 있음.

● 관련지식 ●●

1) 디스크의 구성
  – 트랙(track) : 갭(gap)으로 분리된 섹터(sector)들로 구성
  – 섹터(sector) : 기록과 판독 작업의 최소 단위
  – 실린더(cylinder) : 지름이 같은 모든 트랙
    ■ 참고 블록(block)
  – 디스크와 메인 메모리 사이에 전송되는 데이터의 논리적 단위
  – 블록은 하나 이상의 섹터로 구성

다음과 같이 사원 테이블이 주어져 있다. 아래 숫자는 각 필드에 할당된 크기(Byte)이다.

사원번호	이름	주소	입사년도	부서번호
(10)	(20)	(50)	(10)	(10)

이 회사에는 사원이 10,000명 근무하고 있다. 이 사원 테이블을 디스크(디스크 블록의 크기=1024byte, 디스크 블록 포인터의 크기=5byte)에 사원번호순으로 정렬하여 저장한 후, 접근성능을 향상시키기 위해 단일-수준 기본인덱스(single level primary index)를 구성하였다. 이 경우 기본 인덱스를 위해 할당된 디스크 블록의 개수는? (단, 비신장 레코드 조직임)

① 15개
② 16개
③ 17개
④ 18개

● **해설 : ①번**

단일-수준 기본 인덱스(single level primary index)의 구조에 대한 이해가 선행되어야 하는 질문임.
즉 데이터는 인덱스 컬럼을 기준으로 정렬되어 저장되고, 인덱스는 정렬된 Block을 가르킴.

하나의 사원을 저장하는데 필요한 크기는 100 byte
하나의 디스크 블럭에 저장할 수 있는 사원 레코드는 1,024 / 100 = 10개

전체 사원 수 10,000명
전체 사원을 저장하는데 필요한 디스크 블럭 수는 10,000 / 10 = 1,000개 => 인덱스가 필요한 값

하나의 인덱스 크기는 = 사원번호 크기 + 데이터가 저장된 디스크 블록 포인터 크기 = 10 + 5 = 15 byte
하나의 디스크 블럭에 저장할 수 있는 인덱스 수는 1,024/15 = 68개
전체 인덱스를 저장하는데 필요한 디스크 블럭 수는 1,000 / 68 = 14.70 = 15

블록의 크기가 1024인 디스크 장치가 있다. 파일에는 3,000개의 고정길이 사원레코드가 있다. 사원레코드는 이름(15바이트), 주민등록번호(14바이트), 부서번호(10바이트), 주소(50바이트), 전화번호(10바이트), 성별(1바이트), 직급(10바이트), 급여(10바이트) 필드가 있다. 레코드 저장 시 한 레코드는 두 블록에 걸쳐서 저장하지는 않는다고 가정한다.
파일 저장에 필요로 하는 최소 블록 수는 얼마인가?

① 250   ② 375   ③ 425   ④ 550

● 해설 : ②번

하나의 블록(1024바이트)에 저장할 수 있는 레코의 개수를 먼저 구하고 전체 개수를 나누어 주면 됨.
하나의 블록(1024바이트)에 저장할 수 있는 레코의 개수 = 블록의 크기 / 레코드의 길 이 = 8개
파일 저장에 필요한 블록의 수 = 전체레코드 /하나의 블록(1024바이트)에 저장할 수 있는 레코의 개수(8개) = 3000/8개 = 375

D10. 데이터베이스 보안 및 연결

▌ 시험출제 요약정리 ▌

1) 데이터베이스 연결 방식

DAO
- 마이크로소프트 제트(Jet) 데이터베이스 엔진을 이용하여 데이터베이스에 접근하기 위한 인터페이스. MFC의 CDaoDatabase 클래스 등을 이용하여 프로그래밍 가능

ODBC
- 하나의 인터페이스로 다양한 종류의 DBMS를 접근할 수 있도록 만든 성공적인 공개 인터페이스
- MFC의 CDatabase 클래스 등을 이용하여 프로그래밍 가능

OLE DB
- ODBC의 성공을 바탕으로 만든 새로운 공개 인터페이스
- COM 기술을 이용한 새로운 데이터베이스 프로그래밍 방법
- OLE DB 공급자를 통해 다양한 종류의 DBMS에 접근할 수 있으며, ODBC용 OLE DB 공급자를 사용하여 기존의 ODBC도 지원

ADO
- OLE DB가 제공하는 기능을 좀더 쉽게 사용할 수 있도록 만든 COM 기술 기반의 프로그래밍 인터페이스
- OLE DB에 기반하기 때문에 다양한 종류의 데이터베이스를 다룰 수 있고, 고성능을 냄. 언어 독립적이어서 베이직, C/C++, 자바 등 다양한 언어로 프로그래밍 가능

2) 데이터베이스 보안기법

구분	주요내용
접근통제 (Access Control)	- 허가 받지 않는 사용자의 DB 자체에 대한 접근을 방지, 예) 계정&암호, RBAC - DB에 대해 발생한 각종 조작에 대한 주체를 파악하여 트랜잭션 로그 파일의 자료 제공
허가 규칙 (Authorization Rules)	- 정당한 절차를 통한 DBMS 접근 사용자도, 허가받지 않은 데이터의 접근을 방지
가상 테이블 (Views)	- 가상 테이블을 이용하여 전체 DB 중 자신이 허가 받은 사용자 관점만 볼 수 있도록 한정

구분	주요내용
암호화 Encryption	– 데이터를 암호화하여 가독성을 원천적으로 봉쇄하는 방식

3) Bell-LaPadula(BLP) 모델

- 가장 널리 알려진 보안 모델 중의 하나
- 70-80년대까지 국방부(DOD)의 지원을 받아 적립된 보안 모델
- 군사용 보안 구조의 요구사항을 충족하기 위해 설계된 모형
- 정보의 불법적인 따괴나 변조보다는 불법적인 비밀유출 방지에 중점
- 보안 정책은 정보가 높은 보안 레벨로부터 낮은 보안 레벨로 흐르는 것을 방지
- 정보를 극비(Top secret), 비밀(secret), 일반정보(Unclassified) 구분
- 정보의 불법적 유출을 방어하기 위한 최초의 수학적 모델
- 보안 등급과 범주를 이용한 강제적 정책에 의한 접근통제 모델
- 제한사항 : 한번 결정되면 접근 권한을 변경하기 어려움 및 지나치게 기밀성에만 집중 등

<상위레벨 읽기금지 정책(No-read-up Policy, NRU, ss-property)>
- 보안 수준이 낮은 주체는 보안수준이 높은 객체를 읽어서는 안됨.
- 주체의 취급인가가 객체의 기밀 등급보다 길거나 높아야 그 객체를 읽을 수 있음.

<하위레벨 쓰기금지 정책(No-write-down Policy, NWD, *-property)>
- 보안 수준이 높은 주체는 보안 수준이 낮은 객체에 기록해서는 안됨.
- 주체의 취급인가가 객체의 기밀 등급보다 낮거나 같은 경우에 그 객체를 주체가 기록할 수 있음.

4) Biba 모델

- 주체들과 객체들의 integrity access class에 기반하여 수학적으로 설명할 수정의 문제를 다룸
- BLP모델의 단점인 무결성을 보장할 수 있도록 보완한 모델
- 목적
  - 하위 무결성 객체에서 상위 무결성 객체로 정보흐름 방어, 무결성 유지
- 특징
  - No Read-Down Integrity Policy
  - No Write-Up Integrity Policy
- 낮은 등급에서 높은 비밀등급에 수정작업을 할 수 있도록 하면 신뢰할 수 있는 중요한 정보들이 다소 신뢰성이 약한 정보들과 결합하여 본래의 비밀등급이 깨짐.
- 다양한 정책에서 선택적 사용 가능

기출문제 풀이

데이터베이스의 보안과 가장 관련이 <u>없는</u> 것은?

① 뷰(view)
② 암호화(encryption)
③ SQL의 REVOKE문
④ IPSec

● **해설 : ④번**

① 뷰(view) → 테이블에 전체 데이터에 대해서 선택적인 항목에 대해서만 접근가능 하게 할 수 있음.
② 암호화(encryption) → 데이터값 자체에 대해 암호를 걸어서 데이터 탈취해킹에 대비할 수 있음.
③ SQL의 REVOKE문 → 부저걸한 권한을 회수함.
④ IPSec → 데이터베이스 보안과 상관없이 통신상에 보안을 체크하는 기능

● **관련지식** ●●

• 데이터베이스 보안기법

구분	주요내용
접근통제 (Access Control)	– 허가 받지 않는 사용자의 DB 자체에 대한 접근을 방지, 예) 계정&암호, RBAC – DB에 대해 발생한 각종 조작에 대한 주체를 파악하여 트랜잭션 로그 파일의 자료 제공
허가 규칙 (Authorization Rules)	– 정당한 절차를 통한 DBMS 접근 사용자도, 허가받지 않은 데이터의 접근을 방지
가상 테이블 (Views)	– 가상 테이블을 이용하여 전체 DB 중 자신이 허가 받은 사용자 관점만 볼 수 있도록 한정
암호화 Encryption	– 데이터를 암호화하여 가독성을 원천적으로 봉쇄하는 방식

ODBC 구조에 대한 설명 중 틀린 것은?

① 단일 계층(single-tier) 드라이버는 ODBC 호출과 SQL 문을 모두 처리한다.
② 드라이버 관리자(driver manager)는 응용과 DBMS 드라이버 사이의 중간 매체 역할을 한다.
③ 다중 계층(mutiple-tier) 드라이버는 SQL 문을 처리하나 ODBC 호출은 처리하지 않는다.
④ 데이터 소스(data source)는 데이터베이스, DBMS, 운영체제, 그리고 네트워크 플랫폼 등을 가리킨다.

● **해설 :** ③번

다중 계층(mutiple-tier) 드라이버는 ODBC call을 처리하여, SQL 명령을 data source에 건네줌	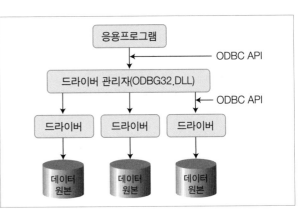

● **관련지식** ●

DAO
   – 마이크로소프트 제트(Jet) 데이터베이스 엔진을 이용하여 데이터베이스에 접근하기 위한 인터페이스. MFC의 CDaoDatabase 클래스 등을 이용하여 프로그래밍 가능

ODBC
   – 하나의 인터페이스로 다양한 종류의 DBMS를 접근할 수 있도록 만든 성공적인 공개 인터페이스
   – MFC의 CDatabase 클래스 등을 이용하여 프로그래밍 가능

OLE DB
   – ODBC의 성공을 바탕으로 만든 새로운 공개 인터페이스
   – COM 기술을 이용한 새로운 데이터베이스 프로그래밍 방법

- OLE DB 공급자를 통해 다양한 종류의 DBMS에 접근할 수 있으며, ODBC용 OLE DB 공급자를 사용하여 기존의 ODBC도 지원

ADO
- OLE DB가 제공하는 기능을 좀더 쉽게 사용할 수 있도록 만든 COM 기술 기반의 프로그래밍 인터페이스
- OLE DB에 기반하기 때문에 다양한 종류의 데이터베이스를 다룰 수 있고, 고성능을 냄. 언어 독립적이어서 베이직, C/C++, 자바 등 다양한 언어로 프로그래밍 가능

다음과 같은 조건들을 만족할 수 있도록 데이터베이스 프로그래밍을 하기 위하여 사용해야 할 기술은?

- 관계 데이터베이스 외에 다양한 데이터 소스들에 대하여 동일하고 뛰어난 성능의 데이터 접근 필요
- 비주얼 베이직, ASP 등 각종 프로그래밍 환경에서 동일하게 이용 가능
- 데이터 접근 뿐만 아니라 새로운 데이터베이스나 테이블 생성 필요
- 비관계형 데이터 처리를 지원하기 위한 기술을 기반으로 개발되었음

---

① ODBC(Open Database Connectivity)
② ADO(ActiveX Data Object)
③ DAO(Data Access Object)
④ RDO(Remote Data Object)

● 해설 : ②번

ADO는 마이크로소프트에서 나온 API로서 관계형 또는 비관계형 데이터베이스에 액세스하는 윈도우 응용프로그램을 작성할 수 있도록 해줌.
ADO는 마이크로소프트의 이전판 데이터 인터페이스였던 RDO로부터 발전된 것임. RDO는 관계형데이터베이스를 액세스하기 위한 마이크로소프트의 ODBC와 함께 동작하지만, IBM의 ISAM이나 VSAM과 같은 관계형 데이터베이스가 아닌 파일 시스템에는 적용되지 않음.

● 관련지식 •

ADO 객체
　　Connection 객체 : ADODB.Connection
　　　　데이타베이스와 연결을 할 수 있게 해주는 객체
　　Command 객체 : ADODB.Command
　　　　명령을 실행해주는 객체
　　Recordset 객체 : ADODB.Recordset
　　　　데이터베이스로 연결한뒤 원하는 데이터를 실행하여 얻어온 결과를 담는 객체

2008년 65번

다음 중 데이터베이스와 응용프로그램을 연결하는 방식이 아닌 것은?

① SQLJ   ② JDBC
③ SQL/MM ④ SQL/CLI

● 해설 : ③번

SQLJ SQLJ : 자바 언어를 사용하는 프로그램에 SQL 데이터베이스 요청을 제공하는 문장들을 박아 넣을 수 있게 해주는 일련의 프로그래밍 확장판임.
SQL/CLI : 응용 수준에서의 데이터베이스 연동을 위한 기본 표준으로 이용됨. 이것은 SAG (SQL Access Group)와 X/Open의 CLI 및 Microsoft사의 ODBC에 근거하고 있음.
JDBC : 자바로 작성된 프로그램을, 일반 데이터베이스에 연결하기 위한 응용프로그램 인터페이스 규격
SQL/MM : 공간 데이타베이스 표준인 SQL 멀티미디어 즉, 연결이 아님.

● 관련지식 ••

• 웹과 DB 연동기법

구분	간접연결 : 서버 확장방식	직접연결 : Browser 확장 방식
특징	– Web Browser와 DB가 Web을 경유해 연결되는 방법 – Web Browser와 DB간 연결이 지속되지 않고 상태 정보가 유지되지 않음. – Web Page 이동시 DB에 대한 새로운 연결 설정 필요	– 웹 Browser 응용 Program과 DB간 연결지속, 상태 정보유지 – Web Browser내의 응용 Program이 DB와 직접 통신 가능
유형	– CGI를 이용한 DB연동 – Java Applet을 이용한 DB연동 – Java 서브릿을 통한 DB연동 – Web 서버확장을 통한 DB연동	– DB Middleware 이용 : JDBC, ODBC, OLE–DB • Java Applet 또는 ActiveX이용 – CORBA를 이용한 직접 DB연동기법

데이터베이스의 접근 제어(Access Control)에 대한 설명이 틀린 것은?

① 대부분의 상용 DBMS는 DAC(Discretionary Access Control)라고 하는 SQL을 사용해 권한을 관리한다.
② DAC의 경우, 권한이 없는 사용자가 권한이 있는 사용자를 속여서 민감한 데이터를 누설할 수 있다.
③ 의무적 접근 제어(Mandatory Access Control)에서는 개별 사용자가 변경 할 수 없는 시스템 수준의 정책을 기반으로 한다.
④ 의무적 접근제어의 Bell-LaPadula 모델에서 주체는 자신보다 높은 등급의 객체정보를 판독(Read)할 수 있다.

● 해설 : ④번

   한 주체는 자신과 같거나 높은 등급을 사진 객체에 쓰기를 할 수 있음.

● 관련지식 ●

1) Bell-LaPadula(BLP) 모델
   – 가장 널리 알려진 보안 모델 중의 하나
   – 70-80년대까지 국방부(DOD)의 지원을 받아 적립된 보안 모델
   – 군사용 보안 구조의 요구사항을 충족하기 위해 설계된 모형
   – 정보의 불법적인 파괴나 변조보다는 불법적인 비밀유출 방지에 중점
   – 보안 정책은 정보가 높은 보안 레벨로부터 낮은 보안 레벨로 흐르는 것을 방지
   – 정보를 극비(Top secret), 비밀(secret), 일반정보(Unclassified) 구분
   – 정보의 불법적 유출을 방어하기 위한 최초의 수학적 모델
   – 보안 등급과 범주를 이용한 강제적 정책에 의한 접근통제 모델
   – 제한사항
     • 한번 결정되면 접근 권한을 변경하기 어려움
     • 지나치게 기밀성에만 집중 등
   〈상위레벨 읽기금지 정책(No-read-up Policy, NRU, ss-property)〉
     – 보안 수준이 낮은 주체는 보안수준이 높은 객체를 읽어서는 안됨
     – 주체의 취급인가가 객체의 기밀 등급보다 길거나 높아야 그 객체를 읽을 수 있음
   〈하위레벨 쓰기금지 정책(No-write-down Policy, NWD, *-property)〉
     – 보안 수준이 높은 주체는 보안 수준이 낮은 객체에 기록해서는 안됨

- 주체의 취급인가가 객체의 기밀 등급보다 낮거나 같은 경우에 그 객체를 주체가 기록할 수 있음

2) Biba 모델
- 주체들과 객체들의 integrity access class에 기반하여 수학적으로 설명할 수정의 문제를 다룸
- BLP모델의 단점인 무결성을 보장할 수 있도록 보완한 모델
- 목적
  - 하위 무결성 객체에서 상위 무결성 객체로 정보흐름 방어
  - 무결성 유지
- 특징
  - No Read-Down Integrity Policy
  - No Write-Up Integrity Policy
- 낮은 등급에서 높은 비밀등급에 수정작업을 할 수 있도록 하면 신뢰할 수 있는 중요한 정보들이 다소 신뢰성이 약한 정보들과 결합하여 본래의 비밀등급이 깨짐
- 다양한 정책에서 선택적 사용 가능

D11. 데이터베이스 백업/복구

▌시험출제 요약정리▐

1) 데이터베이스 장애의 유형

유형	주요내용
트랜잭션 장애	– 논리적 오류 : 내부적인 오류로 트랜잭션을 완료할 수 없음. – 시스템 오류 : Deadlock 등의 오류 조건으로 활성 트랜잭션을 강제로 종료
시스템 장애	– 전원, 하드웨어, 소프트웨어 등의 고장 – 시스템 장애로 인해 저장 내용이 영향 받지 않도록 무결성 체크
디스크 장애	– 디스크 스토리지의 일부 또는 전체가 붕괴되는 경우 – 가장 최근의 덤프와 로그를 이용하여 덤프 이후에 완결된 트랜잭션을 재실행(REDO)
사용자 장애	– 사용자들의 데이터베이스에 대한 이해 부족으로 발생 – DBA 가 데이터베이스 관리를 하다가 발생시키는 실수

2) 데이터베이스 복구를 위한 주요 개념

가. 데이터베이스 회복을 위한 주요 요소

구분	요소	개념
회복의 기본 원칙(중복)	데이터	– 데이터의 중복
	Archive 또는 Dump	– 다른 저장장치로 자료의 복사 및 덤프
	Log 또는 journal	– 데이터베이스 내용이 변경될 때마다 변경내용을 로그파일에 저장. – 갱신된 속성의 과거값/갱신값을 별도의 파일에 유지 – 온라인로그(디스크), 보관로그(테이프)
회복을 위한 조치	REDO	– 최근 변경된 내용을 로그파일에 기록하고, 장애발생시 로그파일을 읽어서 재실행함으로 데이터베이스 내용을 복원 – Archive 사본 + log : commit 후의 상태
	UNDO	– 장애발생 시 모든 변경된 내용을 취소함으로 원래의 데이터베이스 상태로 복원

구분	요소	개념
회복을 위한 조치	UNDO	– Log + Backward 취소연산 : 해당 트랜잭션 수행이전 상태
시스템	회복관리기능	– 신뢰성 제공을 위한 DBMS 서브시스템

3) 데이터베이스 회복기법의 비교

구분	로그기반 기법	Check Point 회복 기법	그림자 페이징 기법
개념	– 로그파일을 이용한 복구	– 로그파일과 검사점을 이용한 복구	– 그림자 페이지 테이블을 이용한 복구
특징	– Redo, Undo를 결정하기 위해서 로그 전체를 조사해야 되기 때문에 시간이 너무 많이 걸림 – Redo를 할 필요가 없는 트랜잭션을 또다시 Redo해야 하는 문제 발생	– 로그기반보다 상대적으로 회복속도가 빠름	– Undo가 간단하고 Redo가 불필요 하므로 수행속도가 빠르고 간편. – 여러 트랜잭션이 병행 수행되는 환경에서는 단독으로 사용이 어렵고, 로그 기반이나 검사점 기법과 함께 사용해야 함. – 그림자 페이지 테이블 복사, 기록하는데 따른 오버헤드 발생.
복구과정	Redo, Undo 사용	Undo 사용	그림자 테이블 교체
복구속도	느림	로그보다 빠름	빠름

2004년 60번

데이터베이스의 회복기법 중에서 그림자 페이징(shadow paging)과 로그(log) 기법이 있는데, 그림자 페이징의 가장 큰 문제점은?

① 회복 시간이 오래 걸린다.
② 로그 기법보다 디스크 접근이 더 많다.
③ UNDO/REDO 연산을 수행해야 한다.
④ 동시에 많은 트랜잭션이 수행되는 경우 적용이 어렵다.

● 해설 : ④번

　　① 회복 시간이 오래 걸린다. → 빠름.

　　② 로그 기법보다 디스크 접근이 더 많다. → 디스크접근에 대한 문제점과는 상관이 없음.

　　③ UNDO/REDO 연산을 수행해야 한다. → 그리마 페이징과 상관없음.

　　④ 동시에 많은 트랜잭션이 수행되는 경우 적용이 어렵다. → 동시에 많이 사용하면 양쪽에 기록해야 하므로 성능저하가 나타날 수 있어 문제가 됨.

● 관련지식 ●●●

　• 그림자페이지(Shadow Paging) 기법
　트랜잭션이 실행되는 동안 현재 페이지 테이블과 그림자 페이지 테이블을 이용
　현재 페이지 테이블은 주기억장치, 그림자 페이지 테이블은 하드디스크에 저장함.
　데이터베이스 트랜잭션의 시작시점에 현재 페이지 테이블의 내용과 동일한 그림자 페이지 테이블을 생성함.
　트랜잭션의 변경 연산이 수행되면, 현재 페이지 테이블의 내용만 변경하고 그림자 페이지 테이블의 내용은 변경하지 않음.
　트랜잭션이 성공적으로 완료될 경우, 현재 페이지 테이블의 내용을 그림자 페이지 테이블의 내용으로 저장함.

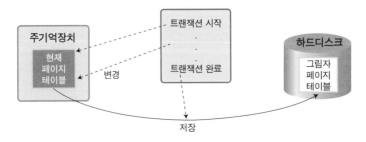

데이터베이스관리시스템(DBMS)은 모든 기록 작업에 대해 실제 변경내용이 데이터베이스 자체에 반영되기 전에 디스크상의 로그(log)에 기록해 둠으로써 시스템 장애를 극복할 수 있게 된다. 이를 무엇이라 하는가?

① 로그 대조점(log checkpoint)
② 메모리 페이징(memory paging)
③ 록킹 규약(locking protocol)
④ 로그 우선기록(WAL:write-ahead log)

● 해설 : ④번

　로그 우선기록(WAL:write-ahead log)에 대한 개념임.

● 관련지식 ●●

• 로그 우선기록(WAL:write-ahead log)

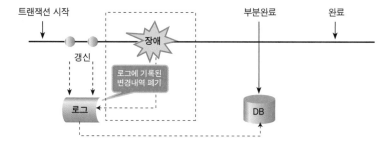

데이터베이스 회복 기법 중의 하나인 그림자 페이징(shadow paging) 기법에 대한 설명 중에서 틀린 것은?

① 로그를 이용하지 않는다.
② 트랜잭션을 실행하는 동안 현 페이지(current page) 테이블과 그림자 페이지(shadow page) 테이블을 유지한다.
③ write 연산을 실행할 때 현 페이지 테이블과 그림자 페이지 테이블을 모두 변경한다.
④ input과 output 연산을 위해 디스크에 있는 데이터베이스 페이지를 찾을 때에는 현 페이지 테이블만을 사용한다.

● 해설 : ③번

write 연산을 실행할 때 현 페이지 테이블과 그림자 페이지 테이블을 모두 변경한다. →현 페이지테이블에 대해서만 변경함.

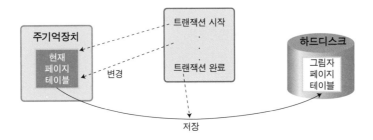

데이터베이스 내용 전체를 주기적으로 안정적인 저장장치에 저장하는 덤프 절차의 순서로 맞는 것은?

> 가. 데이터베이스의 내용을 안정 저장장치에 복사한다.
> 나. 로그 레코드 〈dump〉를 안정 저장소에 출력시켜 덤프를 표시한다.
> 다. 변경된 버퍼 블록들을 모두 디스크에 출력시킨다.
> 라. 메인메모리에 있는 모든 로그 레코드를 안정 저장소에 출력시킨다.

① 가, 라, 다, 나   ② 가, 라, 나, 다
③ 라, 가, 다, 나   ④ 라, 다, 가, 나

● 해설 : ④번

메모리에 있는 데이터를 먼저 출력하는 작업을수행하고 변경된 버퍼 블록 출력, 로그레코드를 출력 그리고 데이터베이스 내용을 출력하는 순으로 진행함.

● 관련지식 ••

• 데이터베이스 회복을 위한 주요 요소

구분	요소	개념
회복의 기본 원칙(중복)	데이터	– 데이터의 중복
	Archive 또는 Dump	– 다른 저장장치로 자료의 복사 및 덤프
	Log 또는 journal	– 데이터베이스 내용이 변경될 때마다 변경내용을 로그파일에 저장. – 갱신된 속성의 과거값/갱신값을 별도의 파일에 유지 – 온라인로그(디스크), 보관로그(테이프)
회복을 위한 조치	REDO	– 최근 변경된 내용을 로그파일에 기록하고, 장애발생시 로그파일을 읽어서 재실행함으로 데이터베이스 내용을 복원 – Archive 사본 + log : commit 후의 상태
	UNDO	– 장애발생 시 모든 변경된 내용을 취소함으로 원래의 데이터베이스 상태로 복원 – Log + Backward 취소연산 : 해당 트랜잭션 수행이전 상태
시스템	회복관리기능	– 신뢰성 제공을 위한 DBMS 서브시스템

[참고] journal : Transaction 발생 시, 생성 및 변경 Data 를 Table 및 로그에 남기는 방법

다음은 시스템 붕괴(Crash) 때의 로그 레코드들을 나타낸다. 즉시 갱신과 점진적인 로그 (Immediate Update with Incremental Log)를 사용하는 회복 기법이 성공적으로 수행되었을 때 A, B, D의 최종 값은 얼마인가?
〈T1, write, D, 50, 20〉 로그 레코드는 트랜잭션 T1이 D의 값을 50에서 20으로 갱신했음을 뜻한다.

```
〈start_transaction, T1〉
〈T1, write, D, 50, 20〉
〈commit, T1〉
〈checkpoint〉
〈start_transaction, T4〉
〈T4, write, B, 20, 15〉
〈T4, write, A, 30, 20〉
〈commit, T4〉
〈start_transaction, T2〉
〈T2, write, B, 15, 12〉
〈start_transaction, T3〉
〈T3, write, A, 20, 30〉
〈T2, write, D, 20, 25〉
〈――――――― 시스템 붕괴
```

① A=30, B=12, D=25　　② A=20, B=15, D=20
③ A=30, B=20, D=50　　④ A=30, B=15, D=25

● 해설 : ②번

T1과 T4는 변경로직을 수행하고 Commit을 실행하여 정상적으로 트랜잭션을 수행하여 값이 반영됨.

T2와 T3는 변경하고 Commit이전에 장애가 발생됨.

따라서

T1, T4는 데이터베이스에 정상반영이 되어 있고,

T2, T3는 중간 변경만 되고 최종반영이 안된 상태로 장애 발생이 되었으므로

회복이 성공적으로 수행되었을 때….

T1, T4는 REDO가 정상적으로 수행되어 수정사항이 반영이 되고,

T2, T3는 UNDO가 정상적으로 수행되어 원래 값이 유지가 됨.

문제에서 표(a)는 트랜잭션 T1, T2의 수행연산을 나타내고, 표 (b)는 두 개의 트랜잭션 T1, T2를 수행하는 도중에 기록된 로그파일 정보이다. 이때, 표 (b)의 로그 파일과 같이 트랜잭션 T2의 수행 중에 시스템 파손이 발생했다고 가정하자. 이 경우 지연 갱신(Deferred Update)의 회복기법을 적용할 때, 각 트랜잭션에 취해야 할 회복 연산으로 올바르게 연결된 것은?
(단, 회복연산은 no–undo(취소불필요), no–redo(재실행불필요), undo(취소), redo(재실행)으로 표현한다.)

(a)

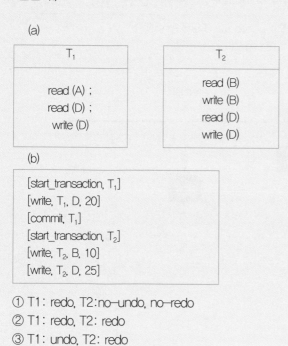

T_1	T_2
read (A) ; read (D) ; write (D)	read (B) write (B) read (D) write (D)

(b)

```
[start_transaction, T₁]
[write, T₁, D, 20]
[commit, T₁]
[start_transaction, T₂]
[write, T₂, B, 10]
[write, T₂, D, 25]
```

① T1: redo, T2:no–undo, no–redo
② T1: redo, T2: redo
③ T1: undo, T2: redo
④ T1: undo, T2: undo, no–redo

● 해설 : ①번

지연갱신기법은 undo는 없고 redo만 발생이 됨. Undo가 필요하지 않은 이유는, 로그에 기록했다가 장애가 발생하면 undo에 있는 데이터만 무시하면 되기 때문에 데이터베이스에 있는 값에 대해 undo를 할 필요가 없음.

● **관련지식** ●

• 지연갱신기법에 대한 갱신과 회복

갱신	– 트랜잭션 단위가 종료될 때까지 DB에 Write 연산을 지연시키고 – 동시에 DB 변경내역을 Log 에 보관한 후 – 트랜잭션이 완료되면 Log 를 이용하여 데이터베이스에 Write 연산을 수행
회복	– 트랜잭션이 종료된 상태이면 회복 시 Undo 없이 Redo 만 실행함. – 트랜잭션이 종료가 안된 상태였으면 Log 정보는 무시함.

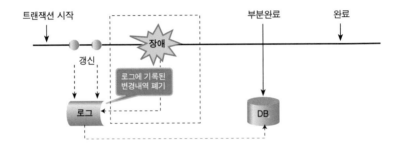

검사점(checkpoint) 기법에 대한 설명으로 가장 적절하지 않은 것은?

① 검사점 기법은 DB시스템을 복구할 때 탐색해야 하는 레코드의 수를 감소시키고, 불필요한 REDO를 줄일 수 있다.
② DBMS 시스템은 일정 시간 혹은 일정 개수의 트랜잭션 완료를 주기로 검사점을 수행할 수 있다.
③ 검사점 기법이 수행되기 위해서는 일단 모든 트랜잭션의 수행이 종료되어야 한다.
④ 퍼지 검사점 기법을 사용하면 모든 갱신된 버퍼가 디스크에 기록되기 전에 트랜잭션 수행을 재개할 수 있다.

● 해설 : ③번

검사점 기법 수행과 트랜잭션 종료와는 아무런 관계가 없음 검사 점 시점에 끝나지 않은 트랜잭션은 REDO의 대상이 됨.

D12. DW, OLAP, 데이터마이닝

시험출제 요약정리

1) DW (Data Warehouse)의 개념
   - 기업의사결정을 지원하기 위해 주제중심적, 통합적, 시간 가변적, 비휘발성인 자료의 집합
   - 대량의 Data와 각종 외부 Data로부터 의미 있는 정보를 찾아내어 기업 활동에 활용하고, 전사에 걸친 이질적인 분산 Database를 통합하여 효율적인 의사결정 지원 정보를 제공하기 위한 통합 데이터베이스
   - DW의 특징

구 분	특징 및 설명
주제 중심적 (Subject Oriented)	분석하고자 하는 주제 중심으로 시스템을 구조화 - 기존 시스템: 기능 중심으로 구현 (예금, 대출) - DW : 고객, 거래처, 상품 등과 같은 주제 중심 구현
통합적 (Integrated)	- 기존 운영시스템의 데이터를 추출하여 원하는 형태로 변형 후 통합 - 분석을 위한 데이터 추출 시 서로 다른 방식의 데이터 표현이 DW에서는 일관된 방식으로 표현됨
시간 가변적 (Time Variant)	- 데이터가 일정 기간 정확성을 유지하면서, 날짜, 주, 월과 같은 시점별 요소 반영
비휘발성 (Non-volatile)	- 일단 DW에 올바르게 기록되면 변경되지 않으며 분석의 일관성을 유지 - DW의 중요 기능은 대규모 데이터를 로딩(loading)해서 저장하고 저장된 데이터는 읽기 전용으로 존재.

2) OLAP(Online Analytical Processing) 개념
   - 사용자들에 의해서 이해되는 기업의 실제 차원을 반영하기 위해 원래의 데이터(raw data)로 부터 변환된 정보의 모든 가능한 뷰 들의 다양성을 제공하고 빠르고 일관된 대화식 접근을 통하여, 분석가, 관리자, 그리고 임원이 데이터에 대해서 통찰력을 얻도록 가능하게 해주는 소프트웨어 기술의 한 범주.

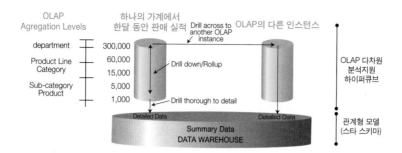

3) OLAP의 특징

- 업무 사용자들이 DW에 있는 데이터에 관해 다차원적이고 논리적인 뷰 제공
- 대화식 질의와 복잡한 분석을 쉽게 할 수 있는 기능 지원
- 하나 또는 여러 개의 업무 차원들에 걸친 측정치들에 관해 상세한 사항을 위해서는 드릴-다운을, 집계 및 요약정보를 위해서 롤-업을 가능하게 함
- 난해한 계산과 비교를 수행할 능력을 제공
- 차트나 그래프를 포함한 의미 있는 방식들로 결과를 제시

3-1) OLAP의 기본적 특징

다차원분석	일관성 있는 성능	대화식 질의들에 대하여 빠른 응답시간
Drill-down/ roll-up	자료의 상세/요약을 위한 항해	Slice and dice 또는 rotation
다양한 뷰 모드 제공	손쉬운 확장성 제공	시계열 분석 용이 (year-to-date, 기간)

3-2) 확장된 특징

강력한 계산 능력제공	교차-차원적 계산	Pre-calculation or Pre-consolidation
교차 차원적 또는 상세를 위한 Drill-through	매우 복잡한 표현 및 display 기능 지원	Collaborative decision making
Derived data values through formulas	Application of alert technology	Report generation with agent technology

4) 데이터마이닝의 주요 활용 기법

기법	내용
의사결정나무 (Decision Tree)	과거 수집된 레코드를 분석하여 이들 사이에 존재하는 패턴 즉, 분류별 특성을 속성의 조합으로 나타내는 나무형태의 분류 모형 예) 우수 고객분류 모형
신경망 (Neural Network)	인간두뇌 세포를 모방한 개념으로 반복적인 학습 과정을 통하여 모형을 만들어가는 기법 예) 우수고객분석, 연체자 예측
연관성 탐사 (Association Rules)	– 여러 개의 트랜잭션들 중에서 동시에 발생하는 트랜잭션의 연관관계를 발견하는 것임.
연관성 탐사 (Association Rules)	[사례] – 기저귀를 사는 사람의 74%는 맥주를 같이 사는 경우 – 넥타이를 구매하는 고객이 셔츠를 50% 이상 구매하고, 정장과 벨트를 구매하는 고객은 코트를 구매할 확률이 40% 이상
연속성 규칙 (Sequential Pattern Discovery)	– 개인별 트랜잭션 이력 데이터를 시계열적으로 분석하여 트랜잭션의 향후 발생 가능성을 예측하는 것임. [사례] – 컴퓨터를 산 사람이 다음달에 프린터를 산다. – A품목을 구입한 회원이 향후 H품목을 구입할 가능성은75% 이다. → 5번 회원에게 H 품목 추천하여 마케팅의 정확화를 높임 – 신용카드사고예측
데이터 군집화 (Clustering)	– 상호간에 유사한 특성을 갖는 데이터들을 집단화 하는 과정임. – 개별 데이터들간의 유사성을 측정하여 유사한 자료를 같은 그룹으로 모으는 것임. [사례] – A~D의 데이터를 집단화하는 과정에서 고객 군집별 특성을 파악함 → A군집은 소득이 300만원 이상이고, 자녀가 2~3명이고 연령이 30대 군집 → B군집은 교육 수준이 높으며, 자녀는 모두 출가했고, 연평균 구매액이200~300만원정도 – 은행 고객의 군집화 – 다른 서비스 제공 – 고객의 지역적.생활 관습에 따른 차별홍보전략
분류 규칙 (Classification)	– 이미 알려진 특정그룹의 특징을 부여하고 정의된 분류에 맞게 구분 [사례] – 신용카드 신규 가입자를 낮음/중간/높음/신용위험 집단으로 구분함 – 대출이자결정
특성발견 (Characterization)	– 데이터 집합의 일반적인 특성을 분석하는 것으로 데이터의 요약과정을 통하여 특성규칙을 발견하는 것임.
이상치 탐지 (anomaly detection)	– 특징이 다른 나머지 데이터들과 현저히 다른 관측들을 식별하는 작업. [사례] 사기 탐지, 네트워크 침입, 질병의 특이 패턴 및 지구환경 혼란. – 이미 알려진 특정그룹의 특징을 부여하고 정의된 분류에 맞게 구분

5) 데이터마이닝 연관 규칙(연관성 탐사: Association) - 지지도/신뢰도/향상도

구분	내용
지지도 (Support)	− 두 품목의 동시 구매가 얼마나 자주 일어나는가? − 장점 : 자주 발생하지 않는 규칙을 제거하는데 사용 − 단점: 표본수가 적은 경우, 연관관계에 대한 통계적 유의성을 증명하기 어려움 　　　투자한 시간, 비용에 비해 향상에 기여도가 낮음
지지도 (Support)	공식 : $\dfrac{\text{A와 B를 모두 포함하는 트랜잭션 수}}{\text{전체 트랜잭션 수}} = P(A \cap B)$
신뢰도 (Confidence)	− 품목 A가 구매되었을 때 품목 B가 추가로 구매될 확률 − 조건부 확률: 두 개 이상의 사상이 있을 때 한 사상의 결과가 다른 사상의 확률에 영향을 미치는 경우 공식 : $\dfrac{\text{A와 B를 모두 포함하는 트랜잭션 수}}{\text{A를 포함하는 트랜잭션 수}} = P(B|A)$
향상도 (Lift, Improvement)	− A → B 의 신뢰도를 독립성 가정하에서의 신뢰도인 B를 포함한 거래비율로 나눈 결과값 − 향상도가 1에 가까워 지면 독립에 가까운 관계 (예: 과자, 망치) − 향상도가 1보다 크면 양의 관계 (예: 빵, 버터) − 향상도가 1보다 작으면 음의 연관관계 (예: 우산, 양산) − 의미 있는 연관규칙이 되려면 향상도 값이 1 이상이 되어야 함. $\dfrac{\text{A와 B를 모두 포함하는 트랜잭션 수}}{\text{A 포함 트랜잭션 수} \times \text{B 포함 트랜잭션 수}} \times \text{전체 트랜잭션 수} = \dfrac{\text{신뢰도}}{P(B)}$

기출문제 풀이

2004년 69번

지식 발견 과정(KDD, knowledge discovery process)은 다섯 단계로 구분할 수 있다. 다섯 단계 중에서 기존의 기반 테이블(base tables)들에 대한 역정규화를 수반할 수 있는 단계는?

① 데이터 선별(data selection) 단계 ② 데이터 정제(data cleaning) 단계
③ 데이터 마이닝(data mining) 단계 ④ 데이터 평가(data evaluation) 단계

● 해설 : ②번

데이터를 주제영역별로 모으고 변환하고 하기 위해서는 역정규화(반정규화)기법도 들어가야 함. 변환이 발생하는 단계는 데이터 정제단계 임.

● 관련지식 ・・

- 데이터 선별(data selection) 단계: 데이터웨어하우스와 같은 통합된 데이터 저장소로부터 분석작업에 필요한 데이터를 선별하고 데이터마이닝을 수행할 수 있는 형태로 데이터를 변환함.
- 데이터마이닝 : 데이터로부터 다양한 형태의 마이닝 기법을 적용시켜 패턴을 추출해 냄.
- 데이터 정제(data cleaning) 단계 : 데이터 소스는 서로 다른 관계형 데이터베이스로에서부터 파일 혹은 이메일 자료 등 다양할 수 있으며 그 데이터 형식도 다양할 수 있음. 이 과정에서는 에러를 보정하고 포맷을 통일시키고 데이터의 일관성을 유지하며 스키마를 통합하는 등의 작업을 수행함.
- 데이터 마이닝(data mining) 단계 : 분석목적에 따라 적절한 기법을 사용하여 예측모형을 만듬.
- 데이터 평가(data evaluation) 단계: 추출된 패턴이 얻고자하는 지식에 필요한 것인지를 척도에 맞추어 평가해보고 궁극적으로 사람이 이해할 수 있는 방법으로 지식을 표현한다.

• 데이터를 분석하여 획득한 정보를 이용하여 마케팅
  - 목표마케팅(Target Marketing)
  - 고객 세분화(Segmentation)
  - 고객성향변동분석(Churn Analysis)
  - 교차판매(Cross Selling)
  - 시장바구니 분석(Market Basket Analysis)

다음 중에서 데이터 마이닝(data mining)에 사용되는 기법이 <u>아닌</u> 것은?

① 의사결정 트리(decision tree)
② 연관규칙(association rule)
③ 최단인접 이웃(k-nearest neighbor)
④ 패턴 매칭(pattern matching)

● 해설 : ④번

패턴 매칭(pattern matching)이라는 용어는 자료구조나 스팸메일 필터링 등에서 쓰이는 용어로 데이터마이닝의 기법이 아님. 대용량 데이터베이스 내의 명시된 패턴을 찾는 패턴분석이라는 기법은 있음.

● 관련지식 ●●●

• 데이터 마이닝(data mining)에 사용되는 기법

기 법	설 명
연관성 탐사 (Association)	– 상품 또는 서비스간의 연관성을 살펴 유용한 규칙을 찾아내고자 할 때. [사례] 슈퍼마켓의 맥주와 아기 기저귀가 함께 팔린다
연속성 규칙 (Sequence)	– 동시에 구매될 가능성이 높은 상품군을 찾아내는 연관성 측정에 시간개념을 포함하여 순차적인 구매가능성 높은 상품을 찾아냄. [사례] 컴퓨터를 산 사람은 다음달에 프린터를 산다.
분류 규칙 (Classification)	– 고객의 수입, 연령 속성이 비슷한 고객들을 묶어서 의미있는 군집으로 각각 나눔. 전체적 윤곽파악 유리함 [사례] – 신용카드 신규 가입자를 낮음/중간/높음 신용 위험 집단으로 구분함
의사결정수 (Decision Trees)	– 분류 및 예측에 자주 쓰이는 기법. – 통계학적인 용어를 쓰지 않고 누구나 쉽게 이해 할 수 있음.
신경망모형	– 인간의 경험으로부터 학습해 가는 두뇌 신경망 활동을 바탕으로 고안하여 반복적인 학습과정을 거쳐 패턴을 찾아내고 일반화 함.
K-means clustering	– 거리에 기반을 둔 clustering 기법 – 기준점에 가까운 곳의 데이터들을 하나의 군집으로 묶는 방법

대량의 데이터로부터 일정한 패턴을 찾아내는 분야로 데이터마이닝 기술이 있다. 데이터마이닝 분야 알고리즘에 <u>가장 거리가 먼 것은?</u>

① 분류(Classification)
② 집계(Aggregation)
③ 연관(Association)
④ 군집화(Clustering)

● 해설 : ②번

집계(Aggregation)라는 데이터마이닝의 알고리즘은 없음.

● 관련지식 ••

구분	내용
연관성탐사	관련성이 강한 웹로그 정보를 조합을 통해 패턴을 발견
연속성탐사	시간의 경과에 따른 웹로그 분석을 통해 패턴을 질의
분류탐사	이미 알려진 그룹의 특성을 부여
군집탐사	유사한 특성을 갖는 data의 그룹을 분류하여 패턴 분석

식품 매장에서 발생한 1000개의 트랜잭션을 분석한 결과 '빵 ⇒ 우유'라는 연관 규칙 (association rule)의 지지도(support) = 20%, 신뢰도(confidence) = 50%로 밝혀졌다. 항목 '빵'을 포함한 트랜잭션의 수와 항목 '빵'과 '우유'를 모두 포함한 트랜잭션의 수는?

① 400, 200   ② 200, 400

③ 300, 500   ④ 500, 300

● 해설 : ①번

지지도 = (빵 + 우유 거래수)/전체거래수

신뢰도 = (빵 + 우류 거래수)/빵

지지도 = (빵 + 우유)/ 1000 = 0.2 → 빵 + 우유 = 200

신리도 = (빵 + 우유)/빵 = 0.5 → 200/빵 = 0.5 → 빵 = 400

● 관련지식 ●

• 데이터 마이닝의 연관기법의 개념

  – 특정 트랜잭션에 하나의 제품이 존재하고 동시에 같은 트랜잭션에 다른 제품이 존재할 때 이러한 두 제품 사이의 연관성을 발견하는 기법

  – 대용량 데이터베이스 내 단위 트랜잭션에서 빈번하게 발생하는 사건의 유형을 발견하는 기법

데이터 웨어하우스의 특성에 대한 설명 중 틀린 것은?

① 주제지향적 : 일상적인 트랜잭션을 처리하는 프로세스 중심이 아니라 일정한 주제에 대한 데이터이다.
② 통합적:데이터가 고도로 통합되어 있다.
③ 비휘발성 : 대규모의 데이터를 로딩해서 저장하고 데이터는 읽기/쓰기 전용으로 저장한다.
④ 시계열성 : 일정한 시간동안의 데이터를 대변하며 수시적인 데이터의 갱신이 발생하지 않는다.

● 해설 : ③번

비휘발성 : 대규모의 데이터를 로딩해서 저장하고 데이터는 읽기 전용으로 저장함.

● 관련지식 ●●

• 데이터 웨어하우스의 특징

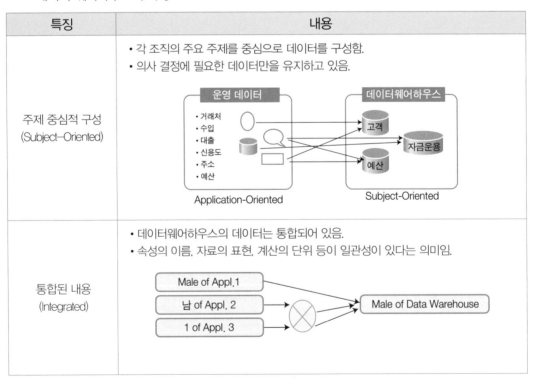

특징	내용
주제 중심적 구성 (Subject-Oriented)	• 각 조직의 주요 주제를 중심으로 데이터를 구성함. • 의사 결정에 필요한 데이터만을 유지하고 있음.
통합된 내용 (Integrated)	• 데이터웨어하우스의 데이터는 통합되어 있음. • 속성의 이름, 자료의 표현, 계산의 단위 등이 일관성이 있다는 의미임.

특징	내용
시간에 따라 변화되는 값의 유지 (Time-Varient)	• 시간에 따라 모든 순간의 값을 유지하고 있음. • 일련의 스냅샷 (Snapshot) 으로 올바르게 기록되면 갱신되지 않음. 운영 데이터　　　　데이터웨어하우스 최근 값으로 변경　　　새로운 레코드의 추가
비 소멸성 (Non-Volatile)	• 데이터의 갱신은 초기 적재 이후에는 발생하지 않고 검색만이 있을 뿐임 • 갱신 이상 (Update Anomaly) 걱정할 필요성 없음. • 장애 발생에 대한 데이터의 복구, 트랜잭션과 데이터의 무결성 • 유지, 교착상태의 탐지와 처리가 매우 단순함

최종사용자가 대규모 데이터에 직접 접근하여 정보분석이 가능하게 하는 도구인 OLAP(Online Analytical Processing) 도구에 대한 설명 중 틀린 것은?

① OLAP은 데이터의 접근 유형이 조회 중심이다.
② OLAP은 데이터 특징으로 주제 중심적으로 발생한다.
③ OLAP은 실시간이 아닌 장기적으로 누적된 데이터 관리이다.
④ OLAP은 정형화된 구조의 데이터를 사용한다.

● 해설 : ④번

OLAP은 정형화된 구조의 데이터를 사용하기도 하고 비정형화된 데이터를 사용하기도 함. OLAP의 최대 장점은 비정형으로 데이터를 조회할 수 있다는 데 있음.

● 관련지식 ●●

1) OLAP의 정의
 – 사용자들에 의해서 이해되는 기업의 실제 차원을 반영하기 위해 원래의 데이터(raw data)로 부터 변환된 정보의 모든 가능한 뷰 들의 다양성을 제공하고 빠르고 일관된 대화식 접근을 통하여, 분석가, 관리자, 그리고 임원이 데이터에 대해서 통찰력을 얻도록 가능하게 해주는 소프트웨어 기술의 한 범주.

2) OLAP의 특징
 – 업무 사용자들이 DW에 있는 데이터에 관해 다차원적이고 논리적인 뷰 제공
 – 대화식 질의와 복잡한 분석을 쉽게 할 수 있는 기능 지원
 – 하나 또는 여러 개의 업무 차원들에 걸친 측정치들에 관해 상세한 사항을 위해서는 드릴–다운을, 집계 및 요약정보를 위해서 롤–업을 가능하게 함
 – 난해한 계산과 비교를 수행할 능력을 제공
 – 차트나 그래프를 포함한 의미 있는 방식들로 결과를 제시

다음의 설명들을 만족하는 스키마로 맞는 것은?

> – 데이터 웨어하우스를 구축할 때 사용된다.
> – 사실(Fact) 테이블과 차원(Dimension) 테이블로 구성된다.
> – 차원 테이블은 정규화를 하여 작은 테이블들로 구성된다.

① 스타(Star) 스키마
② 스노우플레이크(Snowflake) 스키마
③ 사실 군집(Fact Constellation)
④ 객체지향(Object–Oriented) 스키마

● **해설 :** ②번

데이터웨어하우스에서 사용하는 스키마 구조는 스타스키마와 스노우플레이크 모델이 대표적임.
다음과 같이 지문을 읽고 답을 선택할 수 있음.
  – 데이터 웨어하우스를 구축할 때 사용된다. → 스타스키마 또는 스노우플레이크 스키마 구조
    가능
  – 사실(Fact) 테이블과 차원(Dimension) 테이블로 구성된다. → 스타스키마 또는 스노우플레
    이크 스키마 구조
  – 차원 테이블은 정규화를 하여 작은 테이블들로 구성된다 → 스타스키마
    참고 : 스노우 플레이크 모델은 반정규화 형식의 구조임.

● **관련지식** ●●

• 다차원 모델(Star Scheme vs Snow flake Scheme)

구분	Star Schema	Snowflake Schema
개념노	D : Dimension Table	D : Dimension Table

구분	Star Schema	Snowflake Schema
장점	• 간단한 모델링 기법 • 사용자에게 친숙함. • Join을 줄여서 성능이 향상됨. • 복잡한 구조가 쉽게 모델링 가능 • 복잡한 질의문도 사용자가 간단히 표현 가능	• 저장 공간의 축소 • 유연성을 제공 • 많은 도구들에 의해 지원됨. • 데이터의 중복성 제거 • 상하 구조 추가/변경 관리가 용이 • 관리의 용이성 제공
단점	• 유연하지 못함. • 데이터가 중복됨. • 데이터의 불일치 가능성 • 다양한 요약 레벨 필요 • 확장성(Scalability) 제한 • Facts Table간 Join의 어려움 (Dimension을 공유하지 않음)	• 복잡한 구조로 사용자들이 이해하기 어려움. • Facts Table 조회시 차원 테이블의 추가적인 Join 발생으로 성능에 영향을 미칠 수 있음.

2007년 56번

데이터마이닝 태스크를 크게 2가지로 보면, 예측 태스크(Predictive Task)와 서술 태스크(Descriptive Task)로 나뉜다. 분류분석(Classification)과 군집분석(Clustering)은 각기 어느 태스크에 속하는가?

① 분류분석과 군집분석은 모두 예측 태스크이다.
② 분류분석과 군집분석은 모두 서술 태스크이다.
③ 분류분석은 서술 태스크이고, 군집분석은 예측 태스크이다.
④ 분류분석은 예측 태스크이고, 군집분석은 서술 태스크이다.

● 해설 : ④번

분류분석은 예측 태스크이고 군집분석은 서술 태스크임.

● 관련지식 ●●

• 예측 태스크(Predictive Task)와 서술 태스크(Descriptive Task)

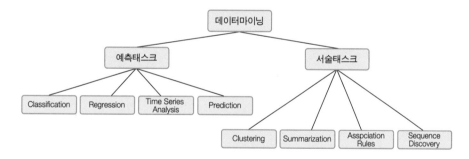

아래와 같은 테이블에 대해서 데이터 마이닝을 수행하여 연관 규칙을 찾았다. 우유 ⇒ 주스의 지지도(Support)와 신뢰도(Confidence)가 각각 얼마인가?

트랜잭션-id	구매한 상품
101	우유, 빵, 주스
792	우유, 주스
1130	우유, 계란
1735	빵, 과자, 커피

① 지지도: 25%, 신뢰도: 50%
② 지지도: 50%, 신뢰도: 25%
③ 지지도: 50%, 신뢰도: 67%
④ 지지도: 67%, 신뢰도: 50%

● 해설 : ③번

지지도 = (우유 + 주스 거래수)/전체거래수
신뢰도 = (우유 + 주스 거래수)/우유가 포함된 거래수
향상도 = 우유→ 주스 신뢰도 / 주스 가 포함된 거래 비율

지지도 = (2/4) * 100 = 50%
신뢰도 = (2/3) * 100 = 67%
향상도 = ((2/3) / (2/4)) * 100 = 1.34

● 관련지식 ••

• 향상도 (Lift / Improvement)
  상대적 관련성은 실제거래발생 확률을 각 아이템의 거래가 독립적일 경우 그 거래가 동시에 발생할 예상기대확률로 나눈 것임. 만약 이 값이 1보다 크면 두 아이템이 동시에 발생한 거래확률이 예상확률보다 더 크다는 것을 의미함

다음 중 OLAP(Online Analytical Processing) 작업이 <u>아닌 것은?</u>

① Drill-down   ② Pivoting   ③ Move-up   ④ Roll-up

● 해설 : ③번

   Move-up이라는 OLAP작업은 존재하지 않음.

● 관련지식 ●

OLAP작업	설명
Drill-Up (Roll-Up)	한 차원의 계층구조를 따라 단계적으로 구체적인 내용의 상세 데이터로부터 요약된 형태의 데이터로 접근하는 기능
Drill-Down	한 차원의 계층구조를 따라 단계적으로 요약된 형태의 데이터 수준에서 보다 구체적인 내용의 상세 데이터로 접근하는 기능
Slice	사용자가 큐브의 일부분(큐브의 한 면)을 자신이 원하는 형태로 절단하여 살펴보는 기능(하나의 페이지 차원 선택)
Dice	사용자가 큐브의 일부분(서브 큐브)을 자신이 원하는 형태로 절단하여 살펴보는 기능(2개 이상의 차원 선택)
Pivot(Rotate)	사용자에게 최종적으로 보여지는 결과 화면을 리포트라고 할 때, 리포트에 보여지는 축(행, 열, 페이지 차원)을 서로 바꾸는 기능

OLTP vs OLAP

구분	OLTP	OLAP
주요용도	DATA 수정, 조회(업무처리지향)	대화식 정보분석(주제 지향)
업무형태	구조적	비구조적
사용자	단순조작자, 전산실무자	의사결정자, 정보분석가
DATA	갱신(updated)	요약(Summarized)
Data 완결성	정합성 위주	정보 위주
Data기간	과거, 현재	과거, 현재, 미래
트랜젝션 실행결과	항상 최신내용	Historical Data

구분	OLTP	OLAP
처리되는 데이터양	한꺼번에 처리량 적다	적은수의 트랜잭션이 다량 데이터 처리
트랜잭션 처리시간	짧다	길다
동시수행성	동시 접근자 다수	소수
사용패턴	생성, 변경, 삭제, 조회	다양한 관점에서 분석
데이터 변경 패턴	Insert, modify, update, delete	Insert(드문 update)

다음 중 데이터웨어하우스 시스템에서 사용자의 분석 질의에 대한 성능 튜닝 기법으로 적절하지 <u>않은</u> 것은?

① 자주 사용되는 차원테이블과 사실 테이블 간에 조인 인덱스를 생성한다.
② 운영데이터 저장소(Operational Data Store)의 크기를 늘린다.
③ 사실(Fact) 테이블의 측정 속성(Measure Attributes)에 대해 비트 슬라이스(Bit-slice) 인덱스를 생성한다.
④ 요약(Summary) 또는 집계(Aggregate) 테이블을 생성한다.

● 해설 : ②번

① 자주 사용되는 차원테이블과 사실 테이블 간에 조인 인덱스를 생성한다. → 조인에 따른 성능저하를 예방할 수 있음
② 운영데이터 저장소(Operational Data Store)의 크기를 늘린다. → 이유가 없음
③ 사실(Fact) 테이블의 측정 속성(Measure Attributes)에 대해 비트 슬라이스(Bit-slice) 인덱스를 생성한다. → Bitmap 인덱스는 분포도 상대적으로 낮은 Fact테이블에 생성하면 효율이 매우 좋음
④ 요약(Summary) 또는 집계(Aggregate) 테이블을 생성한다. → 미리 요약 또는 집계 테이블을 생성하면 정보의 이용측면에서 성능이 우수함

다음 수퍼마켓 트랜잭션 데이터에 대한 연관 규칙을 올바르게 설명한 것은?

> {우유, 기저귀} → {맥주} (즉,우유와 기저귀를 사면 맥주도 산다)
> 최소신뢰도 : 0.5, 최소지지도: 0.3

① 전체 트랜잭션 수 대비 우유, 기저귀 및 맥주를 동시에 구입하는 트랜잭션의 비율은 최소 0.5 이상이다.
② 전체 트랜잭션 수 대비 우유와 기저귀를 동시에 구입하는 트랜잭션의 비율은 최소 0.5 이상이다.
③ 전체 트랜잭션 수 대비 우유, 기저귀 및 맥주를 동시에 구입하는 트랜잭션의 비율은 최소 0.3 이상이다.
④ 전체 트랜잭션 수 대비 우유와 기저귀를 동시에 구입하는 트랜잭션의 비율은 최소 0.3 이상이다.

● **해설 : ③번**

지지도와 신뢰도에 대한 개념을 이해하는 문제임.
  ① 전체 트랜잭션 수 대비 우유, 기저귀 및 맥주를 동시에 구입하는 트랜잭션의 비율은 최소 0.5 이상이다. → 전체에 대한 비율은 지지도이므로 0.3에 해당함.
  ② 전체 트랜잭션 수 대비 우유와 기저귀를 동시에 구입하는 트랜잭션의 비율은 최소 0.5 이상이다.
    → 값 없음
  ③ 전체 트랜잭션 수 대비 우유, 기저귀 및 맥주를 동시에 구입하는 트랜잭션의 비율은 최소 0.3 이상이다. → 전체에 대한 비율은 지지도이므로 0.3에 해당하므로 정답
  ④ 전체 트랜잭션 수 대비 우유와 기저귀를 동시에 구입하는 트랜잭션의 비율은 최소 0.3 이상이다.
    → 값 없음

지지도 = (우유, 기저귀 거래수) / 전체거래수
신뢰도 = (우유, 기저귀 + 맥주 거래수) / 우유, 기저귀가 포함된 거래수
향상도 = 우유, 기저귀 → 맥주 신뢰도 / 맥주가 포함된 거래 비율

다음은 데이터웨어하우스와 데이터마이닝에 대한 개념 설명이다. 주요 설명으로 옳지 <u>않은</u> 것은?

① 지식탐사과정은 데이터 정제와 데이터 통합에 의한 데이터웨어하우스 구축과 데이터 선택과 데이터변환에 의한 데이터마이닝, 패턴평가, 지식표현 등의 과정으로 구성된다.
② 빈발패턴에 의한 연관규칙 탐사는 크게 후보 항목집합을 찾기 위한 조인단계와 일정 빈도수 이하를 갖는 항목집합을 제거하는 정제단계로 구분된다.
③ 클러스터링은 알려지지 않은 데이터 객체들에 대해 클래스 내의 유사도는 최대화하고 클래스 간의 유사도는 최소화하는 원칙을 기반으로 새로운 객체그룹을 찾는 분석 기법이다.
④ 연관규칙 탐사(Association Rule Mining)는 알려지지 않은 객체의 클래스를 예측할 목적으로 데이터 객체를 기술하는 모델 탐사 과정이다.

● 해설 : ④번

④ 연관규칙 탐사(Association Rule Mining)는 알려지지 않은 객체의 클래스를 예측할 목적으로 데이터 객체를 기술하는 모델 탐사 과정이다. → 연관규칙 탐사(Association Rule Mining)는 서술적 목적임.

● 관련지식 •••

구분 기준	모형화	내용	적용기법
활용 목적	서술적 모형화 방법(Descriptive modeling)	주어진 데이터를 설명하는 패턴을 찾아내는 것이 주목적	연관규칙발견(Association Rule), 군집화(Clustering), Database Segmentation, Visualization등
	예측 모형화 (Predictive modeling)	주어진 데이터에 근거한 모형을 만들고 이 모형을 이용하여 새로운 입력자료들에 대한 예측을 목적으로 함	분류(classification) 값예측(Regression, Time series analysis)
목표변수 유무	Supervised Data	결과변수(Target)가 정해진 경우	의사결정나무(Decision Tree) 인공신경망(Neural Network) 사례기반 추론(Case-Based Reasoning)
	Unsupervised Data	결과변수(Target)를 가지고 있지는 않음 입력 변수들을 중심으로 데이터사이의 연관성이나 유사성 분석	연관성 규칙발견(Association Rule Discovery, Market Basket) 군집분석(k-Means Clustering)

데이터웨어하우스의 다자원 모델링 기법에 대한 설명으로 옳은 것끼리 짝지어 놓은 것을 고르시오.

> 가. 하나의 사실 테이블(Fact Table)을 중심으로 각 차원마다 생성한 차원 테이블(Dimension Table)로 구성된 모델을 스타 스키마(Star Schema)라 한다.
> 나. 속성을 정규화하여 각 차원별로 테이블의 계층구조를 구성하는 눈송이 스키마(Snowflake Schema)는 데이터의 저장 공간을 적게 필요로 한다.
> 다. 스타 스키마의 사실 테이블은 정량화된 관측값과 차원 테이블의 튜플을 참조하는 키(외래키)를 포함한다.
> 라. 스타 스키마의 사실 테이블과 차원 테이블은 조인 인덱스를 통하여 사실 테이블 내의 관련 튜플들과 연결될 수 있다.

① 가, 나   ② 가, 다, 라   ③ 나, 라   ④ 가, 나, 다, 라

● 해설 : ④번

> 가. 하나의 사실 테이블(Fact Table)을 중심으로 각 차원마다 생성한 차원 테이블(Dimension Table)로 구성된 모델을 스타 스키마(Star Schema)라 한다. → Fact – Dimension 구성이 Star구성임
>
> 나. 속성을 정규화하여 각 차원별로 테이블의 계층구조를 구성하는 눈송이 스키마(Snowflake Schema)는 데이터의 저장 공간을 적게 필요로 한다. → 눈송이 스키마(Snowflake Schema)는 정규화 되어 있기 때문에 중복성이 제거 되어 적은 공간을 차지 함
>
> 다. 스타 스키마의 사실 테이블은 정량화된 관측 값과 차원 테이블의 튜플을 참조하는 키(외래키)를 포함한다. → 스타 스키마에는 PK속성으로 차원 테이블의 외래키(FK)를 가지고 있고 일반속성에 정량화된 관측값을 가짐
>
> 라. 스타 스키마의 사실 테이블과 차원 테이블은 조인 인덱스를 통하여 사실 테이블 내의 관련 튜플들과 연결될 수 있다. → 조인 인덱스가 있어야 성능저하를 예방하게 하고 조인할 수 있음

데이터웨어하우스에서 주로 사용하는 기능에 대한 설명으로 가장 적절하지 <u>않은</u> 것은?

① 롤업(Roll-up) - 데이터를 상세 수준의 레벨로 요약한다.
② 피봇(Pivot) - 테이블에 대하여 행과 열의 위치를 바꾼다.
③ 슬라이스와 다이스(Slice & Dice) - 차원에 대하여 셀렉트 연산을 수행한다.
④ 유도 애트리뷰트(Derived Attribute) - 저장된 애트리뷰트 또는 유도된 값으로부터 연산에
   의하여 계산되는 애트리뷰트

● 해설 : ①번

롤업은 상세 수준으로 내려가는 것이 아니라, 개요 수준으로 올라간다.

● 관련지식 ●●

• OLAP의 주요기능
  - 롤업(Roll-up) : 데이터를 개략화된 수준으로 요약한다
    (주별 요약에서 월별 혹은 분기별 요약으로 개략화).
  - 드릴다운(Drill-down) : 데이터를 상세수준의 레벨로 요약한다(roll-up의 반대).
  - 피보트(Pivot) : 테이블에 대하여 행과 열의위치를 바꾼다.
  - 슬라이스& 다이스(Slice & dice) : 차원에 대하여 프로젝션 연산을 수행한다.
  - 소팅(Sorting) : 데이터를 순서 값에 의해 정렬한다.
  - 선택(Selection): 특정 값을 가진 데이터 혹은 해당 범위에 속하는 데이터를 선택한다.
  - 유도된 속성들(Derived attributes) : 저장된 속성 혹은 유도된 속성으로부터 연산에 의하여
    생성되는 속성이다.

데이터마이닝의 주요기술과 이에 대한 설명이 가장 적절하지 <u>않은</u> 것은?

① 회귀분석(regression) - 사건이 일어난 순서대로 데이터를 분석해 빈도수가 높은 순차 패턴을 찾아낸다.
② 연관분석(association analysis) - 마켓에서 고객들이 자주 같이 구매하는 상품들의 집합을 찾아내어 상품의 진열에 참고한다.
③ 군집화(cluster) - 고객의 구매 성향에 따라 분류하여 관심있는 물품에 대한 카달로그를 발송한다.
④ 분류(classification) - 꽃의 잎, 색깔, 크기 등 특성에 따라 종을 구분한다.

● 해설 : ①번 사건이 일어난 순서대로 데이터를 분석하는 것은 순차 패턴 발견 (Sequence Discovery)임.

회귀(Regression) 분석은
  – 실제 값을 매긴 예측 변수에 데이터 아이템을 매핑하기 위해 사용
  – 매핑을 하기 위한 기능의 학습을 통해 이루어짐
  – 순서 : 기능의 유형 검토 – Linear, Logistic 등

다음은 데이터마이닝에서 연관 규칙을 찾아내기 위한 데이터이다. 지지도(support)가 50% 미만인 항목의 집합은 어느 것인가?

트랜잭션 ID	항목 집합
1	{1, 2, 3}
2	{1, 3}
3	{1, 4}
4	{2, 5, 6}

① { 1 }   ② { 4 }   ③ { 1, 3 }   ④ { 3 }

● 해설 : ②번

지지도는 전체 분의 해당 항목의 수의 비율이므로 1은 67%, 4는 25%, {1,3}은 50%, 3은 50%가 나와 ②번이 정답임.

D13. XML

시험출제 요약정리

1) XML의 개념 연관관계도

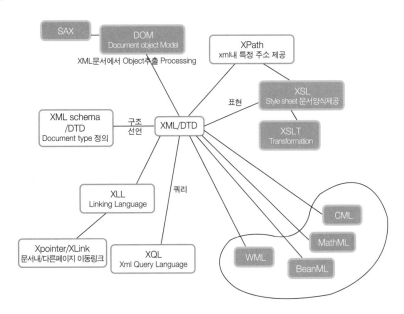

2) XML의 구성요소

구분	세부내용	특징
DTD	- Document Type Definition - XML문서의 형태를 일관된 구조로 정의하는 문서 - XML문서에 대한 논리, 물리적 구조정의 - XML유효성검증을 위해 필요	- 반복정의 가능 : 태그의 중첩순서의 정의(N회 반복)
XML스키마	- DTD보다 강력한 문서구조, 내용, 의미지원 - 스키마 자체가 XML문법을 따름	- 사용자 정의 형식 다양한 반복형식(최대,최소)
XML Namespace	- DTD가 하나이상의 XML문서를 참조 시 각DTD를 위한 고유의 Namespace를 정의(각각의 DTD식별)	URI형식

구분	세부내용	특징
XSL	– eXtensible Style Language – XML문서의 스타일 정보를 기술하지 위한 표준어로 사용 – 다양한 출력형식(HTML, WAP, PDF)을 정의하기 위한 포맷을 정의	– XSLT : 입력된 XML문서를 원하는 출력구조로 변환
XLL	– eXtensible Linking Language – XML요소간이 연결 및 관계를 표시	– XLink : Hyper Link의 인식과 처리 – XPointer : XML문서내의 요소에 대한 주소

기출문제 풀이

● 해설 : ②번

W3C에서 정의한 XQuery 문법에는 FROM이라는 키워드는 없음.

● 관련지식 ●●●

1) XQuery의 문장

SQL의 SELECT-FROM-WHERE 식과 마찬가지로, XQuery FLWOR 식에는 특정 키워드로 시작하는 여러 문들이 포함됨.
- for : 인풋 시퀀스를 반복하면서, 변수를 각 인풋 아이템에 바인딩 한다.
- let : 변수를 선언하고, 여기에 값을 할당한다. 여러 아이템들을 포함하고 있는 리스트가 될 수도 있다.
- where : 쿼리 결과의 필터링 기준을 정한다.
- order by : 결과의 정렬 순서를 정한다.
- return : 리턴 되는 결과를 정의한다.

2) XQuery의 예

xquery for $y in db2-fn:xmlcolumn('CLIENTS.CONTACTINFO')/Client where $y/Address/zip="10011" or $y/Address/city="산호세" return $y/email	For, Where Return형식으로 문법이 구성됨

DTD 명세를 확장하고 개선한 것으로 XML 문서의 내용과 구조를 정의하기 위해 사용되는 것은?

① XSLT(Extensible Style Language : Transformations)
② XPath
③ XML Schema
④ SAX(Simple API for XML)

● 해설 : ③번

DTD를 개선하기 위해 정의한 것은 XML Schema임.

● 관련지식 ●●●

• DTD vs XML Schema

구분	XML Schema	DTD
작성문법	XML 1.0을 만족	EBNF + 의사
구조	복잡함	상대적으로 간결함
Namespace	지원함(문서 내 다수 사용가능)	지원하지 못함(문서 내 단일)
DOM지원	XML이므로 DOM지원 및 이용가능	못함
동적 스키마지원	가능(런타임 시에 선택, 상호작용의 결과로 변경될 수 있음)	불가능(DTD는 실제로 읽기만 가능)
데이터 형	확장적인 데이터 형	매우 제한적인 데이터 형
확장성	완전히 객체 지향적인 확장성	문자열 치환을 통해 확장형
개방성	개방적, 폐쇄적 수정 가능한 컨텐츠모델	폐쇄적 구조

다음 XML의 DTD에 대한 문법에 가장 맞는 XML 문서는?

〈DTD〉
〈!DOCTYPE customer[
〈!ELEMENT customer(name, address)〉
〈!ELEMENT name(firstname, lastname)〉
〈!ELEMENT firstname (#PCDATA)〉
〈!ELEMENT lastname (#PCDATA)〉
〈!ELEMENT address (#PCDATA)〉]〉

① 〈customer〉
    〈firstname〉Michelle〈/firstname〉
    〈lastname〉Correll〈/lastname〉
    〈address〉Memphis〈/address〉
  〈/customer〉
② 〈customer〉
    〈name〉
      〈lastname〉Correll〈/lastname〉
    〈/name〉
    〈address〉Memphis〈/address〉
  〈/customer〉
③ 〈customer〉
    〈name〉
      〈firstname〉Michelle〈/firstname〉
      〈lastname〉Correll〈/lastname〉
    〈/name〉
    〈address〉Memphis〈/address〉
  〈/customer〉
④ 〈customer〉
    〈name〉
      〈firstname〉Michelle〈/firstname〉
      〈lastname〉Correll〈/lastname〉
      〈address〉Memphis〈/address〉
    〈/name〉
  〈/customer〉

● 해설 : ③번

Customer는 Name과 Address로 구성이 되어있고, Name은 Firstname과 Lastname 으로 나누어 지고 Address는 그대로 존재하므로 Name쪽에 기술되는 테그와 Address쪽에 기술되는 테그가 구분됨.

● 관련지식 ●●

1) DTD의 선언 종류

정의	선언	예
엘리먼트 타입선언	– element type declaration	⟨!ELEMENT element name~⟩
어트리뷰트 리스트 선언	– attribute type declaration	⟨!ATTLIST element name~⟩
엔터티 선언	– entity declaration	⟨!ENTITY ~⟩
표기선언	– notation declaration – 비|xml 데이터처리 : 이미지 등	⟨!NOTATION name~⟩

2) DTD작성 절차

1단계 : DTD선언 – DTD를 선언하는 과정 기술

⟨! DOCTYPE Root_Element[
  ⟨! ELEMENT Root_Element(..)⟩
  ⟨...⟩
  ⟨...⟩
]⟩
	⟨! DOCTYPE books[
	  ⟨! ELEMENT book(title, author)⟩
	  ⟨! ELEMENT title(#PCDATA)⟩
	]⟩

2단계 : 엘리먼트 타입 선언

⟨!ELEMENT element_name(con tent_model)⟩	⟨! ELEMENT books (book*)⟩
[참고] * 기호는 엘리먼트가 생략되거나 여러 번 나타날 수 있는 경우	

3단계: XML과 DTD의 결합

DTD를 선언하고 정의하는 부분을 XML 내부 작성 혹은 외부 파일로 저장하여 처리하는지를 결정

내부선언 : XML문서 안에 DTD를 정의

외부선언 : XML문서에는 DTD부분(Document type declaration)적용

  예) ⟨!DOCTYPE books SYSTEM "books.dtd"⟩

다음은 XML 문서이다.

```
<bank-2>
  <customer customer_id="C100" accounts="A-401">
    <customer_name>Joe </customer_name>
    <customer_street> Monroe </customer_street>
    <customer_city> Madison</customer_city>
  </customer>
  <customer customer_id="C102" accounts="A-401 A-402">
    <customer_name> Mary </customer_name>
    <customer_street> Erin </customer_street>
    <customer_city> Newark </customer_city>
  </customer>
</bank-2>
```

위의 XML 문서에 대한 아래 Xpath 처리 결과는 무엇인가?
Xpath : /bank-2/customer/customer_name/text()

① <customer_name>Joe </customer_name>
　 <customer_name> Mary </customer_name>
② <customer_name>Joe </customer_name>
③ Joe
④ Joe
　 Mary

● 해설 : ④번

Text( )를 실행하였으므로 노드명을 제외한 PCDATA만 반환하게 됨. 따라서 customer/
customer_name의 데이터만 반환하게 되므로 Joe와 Mary가 결과로 출력되게 됨.

● 관련지식 ●

• XPath 함수
  1. name( ) : 노드명 반환 (ex. a/b/c/name())
  2. text( ) : PCDATA 반환 (단, 자신의 PCDATA만)
  3. position( ) : 노드의 위치 지정 (ex. //a[position()=2])
  4. last( ) : 노드집합의 마지막 노드
  5. count( ) : 노드집합의 데이터 합
  6. sum( ) : 노드집합의 데이터 합
  7. contains( ) : 데이터 검색
  8. stars-width( ) : 특정 문자열로 시작하는지 유무

관계형 데이터베이스에 XML 문서의 구조 정보를 저장하는 기법이 <u>아닌 것은?</u>

① 경로 저장 기법
② 분할 저장 기법
③ 혼합 저장 기법
④ 비분할 저장 기법

● 해설 : ①번

XML문서의 구조 정보를 저장 하는 방식은 크게 가상 분할 저장 기법과 분할 저장기법, 혼합 기법으로 구분할 수 있음.

● 관련지식 •

– 분할 저장 기법은 XML 문서의 내용을 엘리먼트 별로 나누어서 저장하고 검색 시 구조 정보를 참조하여해당 요소 노드나 하위 엘리먼트들을 재구성하여 검색 결과를 반환하는 기법. 이 때 사용하는 테이블의 개수에 따라 단일 테이블에 모든 정보를 저장하는 단일 에지 테이블(single edge table) 방식과 여러 개의 테이블을 이용하여 저장하는 관계 테이블(a set of relation tables) 방식으로 나눌 수 있음. 이 기법은 문서의 일부 내용들이 수정되었을 때 관계되는 노드들만 수정하면 되므로 문서의 편집 및 관리가 쉽고, 동일한 내용을 갖는 노드들을 공유할 수 있다는 장점이 있지만, 문서의 내용을 추출하고자 할 때 각 단말 노드들을 순회하여 통합하는 과정에서 시스템의 성능을 저하시키는 문제가 발생한다.

– 비분할 저장 기법은 XML 문서 전체를 BLOB 형태로 저장한 다음, 각각의 단말 노드는 오프셋 정보를가지고 접근하는 방식. 이는 XML 문서를 한꺼번에 저장하였기 때문에 통합 과정이 필요 없어 XML 문서 참조를 빨리 할 수 있지만, 내용의 일부만 수정되었을 때도 XML 문서 전체를 재구성해야 한다는 큰 단점이 있음.

– 혼합 기법은 분할 저장 기법과 비분할저장 기법을 혼용하는 기법으로 각각의 기법의 단점을 보완하고자 상대 기법의 특성을 일부 포함함. 하지만 혼합 기법의 단점은 저장 공간이 많이 소모됨.

● 해설 : ②번

　Header는 반드시 가지고 있어야 하며, 조건적속성들은 포함할 수 있는 선택적 사항임.

● 관련지식 ●

1) SOAP의 특징

- Envelope: 메시지의 시작과 끝을 정의함
- Header: 메시지의 모든 조건적 소성들을 포함함 (optional)
- Body: 전송될 메시지를 포함한 모든 XML 데이터를 포함함
- 사용하기 쉬움 (Use Easily) : HTTP는 웹상에서 가장 일반적인 통신 프로토콜
- 상호운영성 (Interoperability) : 플랫폼이나 언어에 상관없음

2) SOAP의 개념도

- 요소(Element)
  - 엔벨로프(Envelope)
  - 헤더(옵션)
  - 바디(Body)
  - 첨부 파일(Attachments) (옵션)

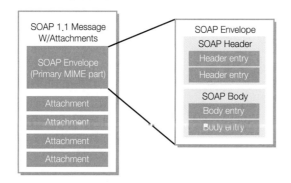

XML Schema에 대한 설명으로 가장 적절하지 <u>않은</u> 것은?

① Entity를 지원한다.
② 네임스페이스를 지원한다.
③ 다양한 데이터 타입을 지원한다.
④ 반복횟수를 다양하게 지정할 수 있다.

● 해설 : ①번, 엔터티(Entity)로 표현하는 것은 DTD에서 가능함

DTD의 경우 XML 스키마에서 제공하지 못하는 엔터티(ENTITY) 기능을 제공하고 있음.

● 관련지식 ●●

1) DTD와 XML스키마의 특징 비교

DTD와 XML 스키마의 특징 비교

비교 항목	DTD	XML 스키마
문법 네임스페이스 지원	SGML 문법 준수 지원하지 않음	XML 문법 준수 지원함
지원 데이터 형식	단순한 텍스트 데이터 형식 지원	다양한 빌트인 데이터 형식과 사용자 지정 데이터 형식을 지원
반복 연산자 지원	0회, 1회, n회 반복 지원	최소 반복 횟수와 최대 반복 횟수를 다양하게 저장 가능
표준화 단계	W3C 표준(1999년)	W3C 표준(2001년)

2) XML 스키마의 특징
  - XML 문법 준수
  - XML 네임스페이스 지원
  - 다양한 데이터 타입 제공
  - 확장성을 지님
  - 문서화 메커니즘 제공

XML DOM 클래스 중 노드 클래스의 서브클래스가 아닌 것은?

① 도큐먼크(Document) 클래스
② 엘리먼크(Element) 클래스
③ 텍스트(Text) 클래스
④ 파스에러(parseError) 클래스

● 해설 : ④번

문서 객체 모델(DOM)은 XML 문서를, 노드 클래스의 하위 클래스의 인스턴스로 표현되는, 노드들의 트리로 표현한다. 어떠한 노드의 하위클래스는 요소(Element), 텍스트, 주석(Document)이 될 수 있음.

파스에러 클래스 : 이 클래스는 구문을 분석하는 동안 발생한 오류에 대해 보고함. 서브클래스와 관련이 없음.

웹 사이트 개발 기술 중 Ajax(Asynchronous JavaScript and XML)는 대화식 웹 어플리케이션의 제작을 위해 아래와 같은 조합을 이용하는 웹 개발 기법이다. 다음 중 Ajax 기술을 구성하는 요소에 관한 설명 중 가장 적절하지 않은 것은?

① 표현 정보를 위한 HTML(또는 XHTML)과 CSS
② 동적인 화면 출력 및 표시 정보와의 상호작용을 위한 DOM, 자바스크립트
③ 웹 서버와 비동기적으로 데이터를 교환하고 조작하기 위한 XML, XSLT
④ 컨텐츠 배급과 수집에 관한 RSS 포맷

● 해설 : ④번

　　AJAX에는 컨텐츠 배급과 수집에 관한 기능이 없음

● 관련지식 ●

Ajax(Asynchronous JavaScript and XML)는 대화식 웹 어플리케이션의 제작을 위해 아래와 같은 조합을 이용하는 웹 개발 기법
• 표현 정보를 위한 HTML(또는 XHTML)과 CSS
• 동적인 화면 출력 및 표시 정보와의 상호작용을 위한 DOM, 자바스크립트
• 웹 서버와 비동기적으로 데이터를 교환하고 조작하기 위한 XML, XSLT, XMLHttpRequest(Ajax 어플리케이션은 XML/XSLT 대신 미리 정의된 HTML이나 일반 텍스트, JSON, JSON-RPC를 이용할 수 있다)
　　- 데이터베이스 설계와 구축 : 성능까지 고려한 데이터 모델링 [2005.10, 한빛미디어, 이춘식]
　　- 아는만큼 보이는 데이터베이스 설계와 구축 [2008.7, 한빛미디어, 이춘식]
　　- 데이터베이스 시스템 [2009.5, 정익사, 이석호]
　　- 아이리포 : café.naver.com/ITLF
　　- KPC기술사회 : café.naver.com/81th

이 책은 무단 복사, 복제, 전재하는 것은 저작권법에 저촉됩니다.

데이터베이스

감리사 기출풀이

1판 1쇄 인쇄 · 2011년 3월 30일
1판 1쇄 발행 · 2011년 4월 15일

지 은 이 · 이춘식, 양회석, 최석원, 김은정
발 행 인 · 박우건
발 행 처 · 한국생산성본부
　　　　　서울시 종로구 사직로 57-1(적선동 122-1) 생산성빌딩
등록일자 · 1994. 9. 7
전　　화 · 02)738-2036(편집부)
　　　　　02)738-4900(마케팅부)
F A X · 02)738-4902
홈페이지 · www.kpc-media.co.kr
E-mail · kskim@kpc.or.kr
I S B N · 978-89-8258-620-0 03560

※ 잘못된 책은 서점에서 즉시 교환하여 드립니다.